W0369925

BOGON · LANDSCHNECKEN

Klaus Bogon

Landschnecken

Biologie – Ökologie – Biotopschutz

Natur-Verlag

Das Titelbild zeigt: o. l.: Weinbergschnecke
o. r.: Schwarzmündige Schnirkelschnecke
u. l.: Große Wegschnecke
u. r.: Dreizahnturmschnecke
Das Foto auf Seite 2 zeigt: *Helicella obvia,* im Trockenschlaf, Neusiedler See Ö
Fotos: Klaus Bogon; S.35 Dr. H. Bellmann; S. 215 A. Fischer-Nagel
Strichzeichnungen: Katrin Geigenmüler
Die Zeichnung auf S. 214 entnahmen wir mit freundlicher Genehmigung des Harksheider Verlags ges. mbH dem Heft 32, Seite 66 – Fränkische Schweiz – des Naturmagazins HB-draußen (nach Neuhaus, Zabanski).
Lektorat: Dipl.-Biologe Andreas Fischer-Nagel

CIP-Titelaufnahme der Deutschen Bibliothek
Bogon, Klaus:
Landschnecken: Biologie – Ökologie – Biotopschutz / Klaus Bogon
– Augsburg: Natur-Verl., 1990
ISBN 3-89440-002-1
NE: HST

Das Werk einschließlich aller seiner Teile ist urheberrechtlich geschützt. Jede Verwertung außerhalb der engen Grenzen des Urheberrechtsgesetzes ist ohne Zustimmung des Verlages unzulässig und strafbar. Das gilt insbesondere für Vervielfältigungen, Übersetzungen. Mikroverfilmung und die Einspeicherung und Verarbeitung in elektronischen Systemen.

Natur Verlag, Augsburg
© Weltbild Verlag GmbH, 1990
Umschlagentwurf: Peter Engel, Grünwald unter Verwendung von Fotos des Autors
Reprotechnik: monoLith, Steinfurt
Satz, Druck, Bindung: Werbedruck GmbH Horst Schreckhase, Spangenberg

ISBN 3-89440-002-1

Vorwort

Mit etwa 105.000 Arten stellen die Mollusken den zweitgrößten Stamm im Tierreich dar. Die Landschnecken sind darunter nur mit einer relativ kleinen Gruppe vertreten. Für Nord- und Mitteleuropa wurden bisher ca. 400 Arten nachgewiesen, von denen in Deutschland noch etwa 180 Arten vorkommen, also eine gut überschaubare Anzahl. Ein Drittel dieser Arten besitzt in Deutschland ein nur kleines begrenztes Verbreitungsgebiet (z. B. im Bereich der Alpen), oder nur punktuelle Vorkommen und sind deshalb als selten einzustufen. Während die meisten Arten intakte natürliche Lebensräume bewohnen, konnten sich einige wenige der Kulturlandschaft anpassen oder fanden hier sogar optimale Lebensbedingungen, so daß sie sich stark vermehrten und zu Schädlingen (z. B. einige Nacktschnecken-Arten) wurden. Von den Arten die natürliche, unbeeinflußte Lebensräume bewohnen, stehen viele auf der ROTEN LISTE und sind gefährdet oder vom Aussterben bedroht.

Obwohl sich schon sehr früh Liebhaber mit dem Sammeln der interessant geformten Gehäuse oder der Erforschung von Mollusken-Gesellschaften (besonders fachkundige Laien haben hier erstaunliches geleistet) bestimmter Gebiete beschäftigten, ist bis heute über die Lebensweise der meisten Arten noch sehr wenig bekannt.

Dieses Buch soll dem interessierten Laien und Naturfreund den leichten Einstieg in das überaus interessante Gebiet der Molluskenkunde ermöglichen und ihn zu eigenen Beobachtungen und der Beschäftigung mit dieser Tiergruppe anregen. Weiterhin soll es die Bestimmung der im Freiland gefundenen Arten durch Vergleich mit naturgetreuen Fotos erleichtern. Erstmals werden hierzu in einem Bestimmungsbuch neben den Gehäusen auch die mit ausgestrecktem Körper kriechenden Tiere abgebildet. Bei den Nacktschnecken werden neben den kriechenden Tieren bei fast allen Arten auch zusammengezogen ruhende Tiere gezeigt, wie man sie unter Steinen oder altem Holz oft findet.

Das Abhandeln von allen in Deutschland nachgewiesenen Arten hätte den Umfang dieses Buches bei weitem gesprengt.

Trotzdem ermöglichte es der Natur-Verlag und insbesondere sein Lektor Andreas Fischer-Nagel, welchem an dieser Stelle mein besonderer Dank gilt, daß alle in Deutschland vorkommenden Familien, sowie alle Arten mit einem größeren Verbreitungsgebiet (die meisten haben auch in Nord- u. Mitteleuropa eine weite Verbreitung), behandelt werden konnten. Darüber hinaus konnten auch einige in Deutschland selten vorkommende Arten und eine Auswahl von im mediterranen Bereich von Europa lebende und dort dem Besucher auffallende Arten berücksichtigt werden. Weiterhin danke ich meinen Freunden und besonders meiner Familie, die mich auf naturkundlichen Reisen begleitete und mir viel Geduld und Verständnis bei der Schneckensuche entgegenbrachte. Ganz besonders danke ich meiner Ehefrau Gertrud, die mit Umsicht die Korrekturen durchgeführt hat. Mein Dank gilt auch Herrn K. Stroscher für die Beschaffung von Literatur und der Anfertigung von 3 Rasterelektronenmikroskop-Aufnahmen.

Möge dieses Buch seinem Benutzer die Schönheiten der Natur eröffnen.

Kassel, im Frühjahr 1990 Klaus Bogon

Inhalt

Allgemeiner Teil

Das Schneckengehäuse

Die meisten Landschnecken besitzen, wie ihre einst im Meer lebenden Vorfahren, zum Schutze ihres empfindlichen Weichkörpers ein spiralig aufgewundenes Gehäuse. Dies schützt die Schnecke, sofern sie sich vollkommen in dieses zurückziehen kann, vor Austrocknung und im begrenzten Umfang auch vor Feinden. Jedoch ist das Gehäuse ein relativ schweres und hinderliches Schutzgebilde, was dazu führte, daß es bei Arten, die eine versteckte Lebensweise in ausgesprochen feuchten Lebensräumen führen, im Laufe der Entwicklung stark reduziert wurde, wie z. B. bei *Eucobresia diaphana, Daudebardia rufa* oder besonders bei den Nacktschnecken, die meißt nur noch über ein kleines inneres Gehäuseschäl-

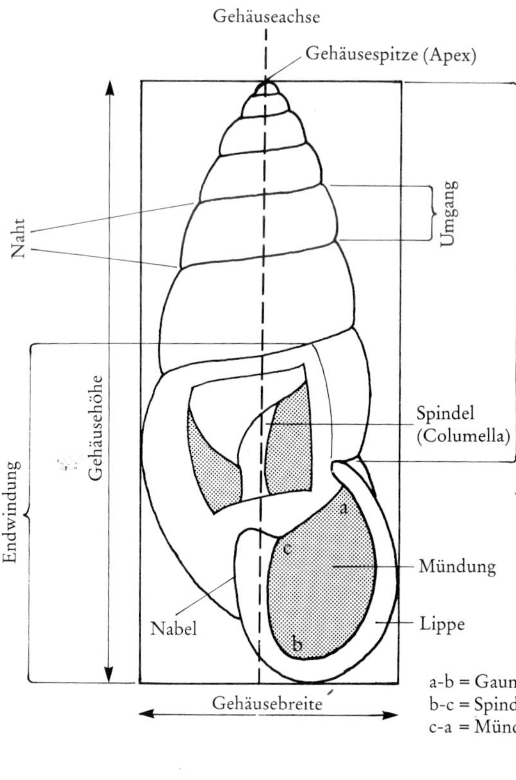

a-b = Gaumenwand (Palatalregion)
b-c = Spindelseite (Collumellarregion)
c-a = Mündungswand (Parietalregion)

chen verfügen, das z. B. bei der Familie Arionidae (Wegschnecken) bis auf einzelne Kalkkörner reduziert sein kann. Das Schneckengehäuse ist spiralig aufgewunden und kann dadurch im Einklang mit dem Körperwachstum der Schnecke gleichmäßig vergrößert werden. Die Gehäuseachse, um die herum die einzelnen Windungen wie bei einer Wendeltreppe liegen, nennt man Spindel (Columella). Jede um die Spindel gehende Windung wird, nachdem sie einen vollen Kreis beschrieben hat, als Umgang bezeichnet. Dort wo ein Umgang den vorangegangenen berührt, entsteht die Naht, die mehr oder weniger tief ausgebildet ist. Am Anfang der Spindel sitzt das die Gehäusespitze (Apex) bildende Embryonalgehäuse (Protoconch), was meist eine glatte Oberflächenstruktur besitzt und schon im Ei vollständig entwickelt wird. Am Mündungsrand des Embryonalgehäuses beginnt das Gehäusewachstum indem die Schnecke zunächst aus den Drüsen des Mantelwulstes ein dünnes, aus dem sogenannten Conchyolin bestehendes, Schalenoberhäutchen (Periostracum) bildet. Aus anderen Drüsen sondert sie eine vorwiegend aus Kalk

Embryonalgehäuse von *Acanthinula aculeata* (Stachelschnecke, s. S. 142) mit gleichmäßiger konzentrischer Streifung. Erst nach dem Schlupf beginnt die Bildung der Rippen (Stacheln).

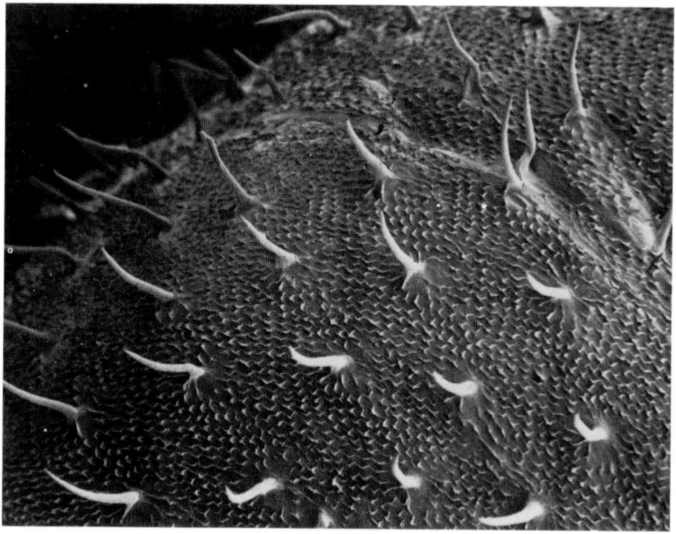

Gehäuseoberflächenstruktur und Behaarung von *Isognomostoma isognomostoma* (Maskenschnecke, s. S. 370). Unterschiedlich stark vergrößert.

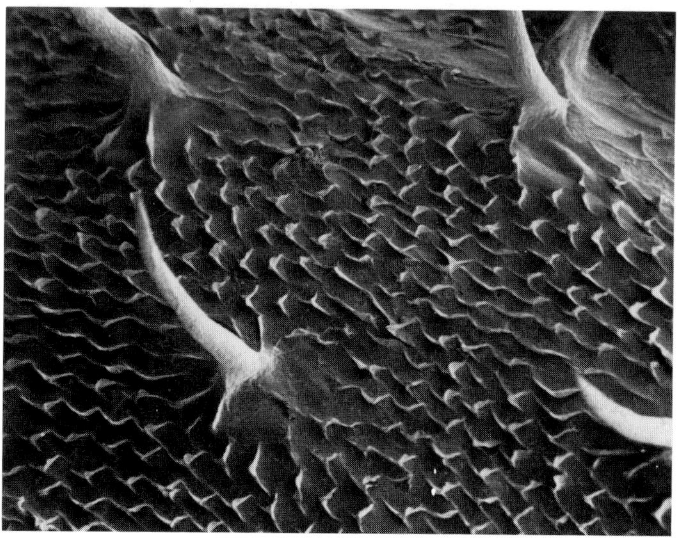

(Calciumcarbonat) bestehende breiige Substanz ab, die unter dem Periostracum angelagert wird. Nach dem Erhärten gibt diese als Ostrakum bezeichnete dickere Schicht dem Gehäuse ein glattes, glänzendes Aussehen, wobei es insbesondere die in der Ostrakumschicht liegenden Farben hervorhebt. Jedoch ist das Periostracum bei älteren Schneckengehäusen oft schon verwittert, so daß die Gehäuse zumindest auf den ersten Umgängen ein stumpfes, mattes und verhältnismäßig farbloses Aussehen erhalten.

Das Gehäusewachstum erfolgt nicht gleichmäßig, sondern wird durch Ruheperioden (Winterruhe, Trockenschlaf) unterbrochen, was zu unregelmäßigen radiären Anwachsstreifen führt.

Die Oberflächenstruktur wird auch als Bestimmungsmerkmal herangezogen da sie glatt, geriffelt, strukturiert, gerippt oder auch mit aus Periostracum gebildeten Haaren bedeckt sein kann. Die Haare sind jedoch sehr hinfällig, so daß sie älteren Exemplaren oft fehlen aber bei einigen Arten sichtbare punktartige Vertiefungen hinterlassen.

Mit der Ausbildung der Mündung, die je nach Art durch die Bildung von Falten und Zähnen, oder einer charakteristischen Mündungsform oder Mündungsrandes gekennzeichnet ist, wird das Größenwachstum der Gehäuse beendet. Gleichzeitig wird auch die Nabelregion ausgebildet, wobei artspezifisch der Nabel weit offen, eng bis sehr eng, spaltförmig, vom Spindelrand bedeckt oder auch ganz verschlossen sein kann.

Gehäuse-Variationen

Weitere wichtige Bestimmungsmerkmale sind die Außenmaße (Höhe und Breite) der Gehäuse, wobei unter Umständen einzelne Exemplare von dem allgemeinen Größentypus abweichen können. Gelegentlich kommt es unter bestimmten Umweltbedingungen auch zur Herausbildung von ökologischen Rassen z. B. Populationen mit extrem kleinen Gehäusen (Kümmerformen), sehr großen Gehäusen (Riesenwuchs)

Albinotische Gehäuse bei: *Perforatella incarnata, Discus rotundatus, Cochlostoma septemspirale, Ena obscura, Balea biplicata, Cochlodina fimbriata, Helicigona lapicida*

oder Gehäusen deren Höhen-Breitenverhältnis vom Typus stark abweicht.
Die meisten Variationen treten jedoch in Bezug auf die Gehäusefärbung (Grundfärbung, Fleckung oder Bänderung) auf, wobei einige Arten (z. B. *Cepaea nemoralis* u. *Cepaea hortensis*) extrem variabel sein können. Gelegentlich kommen in normal gefärbten Populationen auch Albinos (s. S. 13) vor.
Die Gehäuse der Landschnecken sind mit wenigen Ausnahmen rechts gewunden. Am leichtesten läßt sich die Richtung der Gehäusewindung feststellen indem man von oben auf die Spitze des Gehäuses schaut. Verlaufen die Windungen um die Spindel (Columella) rechts herum (im Uhrzeigersinn), so ist es rechts gewunden, entgegengesetzt (gegen den Uhrzeigersinn) gewundene Gehäuse sind linksgewunden. Nur ganz selten findet man Exemplare mit entgegengesetzt der arttypischen Windungsrichtung gewundenem Gehäuse, im Volksmund spricht man dann von einem „Schneckenkönig".

Reparatur beschädigter Gehäuse

Gelegentlich findet man Gehäuse von abnormer Gestalt. Derartige Gehäuseformen können erblich bedingt, durch von Parasiten hervorgerufene Erkrankungen verursacht werden oder was am häufigsten vorkommt, durch Unfälle entstehen. Schnecken die bei feuchtem Wetter an Bäumen und Felsen aufsteigen, lassen sich bei Trockenheit oft fallen, wodurch es zu Verletzungen der Schale kommen kann. Sofern es dabei zu keiner Schädigung von lebenswichtigen Organen oder der Manteldrüsen kommt, ist das Tier sehr wohl in der Lage selbst größere Gehäuseschäden zu reparieren. Gehäusebruchstücke die oft stark verschoben sind werden dabei mit eingebaut, wodurch das Gehäuse eine abnorme Gestalt erhält. Größere Löcher werden durch Bildung neuer Kalkschichten verschlossen. Diese sind in der Oberflächenstruktur sehr unregelmäßig ausgebildet und zeichnen sich durch das Fehlen des Schalenoberhäutchens (Periostracum), das nicht mehr gebildet werden kann, aus. Liegt das Loch an einer Stelle über die hinaus sich die Schnecke zurückziehen kann, so baut sie diese Öffnung bei ausreichender Größe zu einer neuen Mündung aus, wobei die alte dann nicht mehr benutzt wird.

Weiterhin sind auch mehr oder weniger lange spiralförmige Störungen auf der Gehäuseoberfläche zu beobachten. Diese sind auf eine Verletzung des Mantelrandes und der dadurch an dieser Stelle unterbrochenen Bildung des Schalenoberhäutchens (Periostracum) zurückzuführen. Je nachdem wann die Verletzung stattgefunden hat, ist eine derartige Störung auf einer mehr oder weniger großen Anzahl von Umgängen zu beobachten.

Geflickte Gehäuse

Cepaea nemoralis mit Fühlerabnormität, Nymindegab DK

Der Weichkörper

Gehäuseschnecken

Der Weichkörper der Gehäuseschnecken ist beim kriechenden Tier in einen langgestreckten Fußteil und einen spiralig aufgewundenen und im Gehäuse verborgenen Eingeweidesack gegliedert. Der Fußteil besteht aus der Kriechsohle, die vom Fußsaum umgeben wird, dem nicht abgesetzten Kopfteil und einem am hinteren Körperende als Schwanzteil bezeichneten Körperabschnitt. Die Kriechsohle dient der Fortbewegung, wozu sie von der Muskulatur des Fußes in wellenartige Bewegungen versetzt wird. Dieser Vorgang läßt sich gut beobachten wenn man die Schnecke über eine Glasscheibe kriechen läßt. Die durch Muskelzusammenziehungen verursachten Wellenbewegungen verlaufen von hinten nach vorn und schieben das Tier vorwärts. Gleichzeitig wird am Vorderende der Kriechsohle Schleim ausgeschieden, auf dem die Schnecke dahingleitet. Die Kriechsohle hat dadurch nie direkten Kontakt mit dem Untergrund, was beim Überkriechen von spitzen oder scharfkantigen Dingen sehr von Vorteil ist. Das Schleimband erhärtet an der Luft und hinterläßt eine charakteristische Schleimspur.

Auch in der Haut der Körperoberfläche sitzen zahlreiche Schleimdrüsen. Der von den Drüsen abgegebene Schleim wird über ein Furchensystem, das sich zwischen den einzelnen Runzeln, über den ganzen Körper erstreckt, auf die gesamte Körperoberfläche verteilt und dient zum Schutz gegen Verdunstung und Austrocknung des Schneckenkörpers. Nacktschnecken die der Austrocknungsgefahr besonders ausgesetzt sind, besitzen oft einen sehr zähen Körperschleim. Der Kopfteil ist bei den meisten Landlungenschnecken durch zwei Paar Fühler und nur bei den urtümlicheren Familien der Vorderkiemer (Prosobranchia, z.B. *Pomatias elegans* s. S. 76) durch ein Paar Fühler gekennzeichnet. Bei den Arten die 2 Paar Fühler besitzen, ist das obere Fühlerpaar, an deren Ende auch die Augen sitzen, wesentlich länger als das untere Paar ausgebildet. Beide Fühlerpaare sind handschuhfingerförmig nach innen einziehbar, was bei Arten mit nur einem Fühlerpaar nicht möglich ist, bei ihnen können die Fühler nur zusammen, aber nicht eingezogen werden, außerdem sitzen die Augen an der Fühlerbasis und nicht am Fühlerende. Weiterhin ist bei den Vorderkiemern auf dem hinteren Fußteil ein fest mit dem Körper verwachsener Deckel (Operculum) vorhanden. Das hornige oder kalkige Operculum verschließt die Gehäusemündung dicht, wenn sich das Tier in das Gehäuse zurückgezogen hat. Im unteren vorderen Bereich des Kopfes befindet sich die Mundöffnung die zum Schlund führt, wo sich die zur Nahrungsaufnahme benötigten Mundwerkzeuge befinden. Schnecken besitzen keine Zähne im üblichen Sinne, sondern einen feststehenden, hornigen Oberkiefer und eine bewegliche mit vielen Einzelzähnen, ähnlich einer Raspel, besetzte Zunge (die Radula). Mit dieser Einrichtung können kleinere Nahrungsteile von der Oberfläche der Nahrungsquelle (lebende oder modernde Pflanzen, Algen, Flechten) abgeschabt (s. Abb. S. 27) werden, weiterhin dient sie zum Abbeißen oder Abreißen von Pflanzenteilen, die direkt ohne weitere Behandlung in den Magen befördert werden. Die Mundöffnung ist bei den Lungenschnecken teilweise von Mundlappen bedeckt. Bei den Vorderkiemern dagegen ist die Mundgegend charakteristisch rüsselförmig ausgebildet. Die Geschlechtsöffnung liegt hinter den Fühlern seitlich am Körper und befindet sich bei rechtsgewundenen Arten rechts, bei linksgewundenen links. Lungenschnecken sind Zwitter (Hermaphroditen), d. h. sie besitzen männliche und weibliche Genitaltrakte womit sie Spermien und Eizellen produzieren. Paaren sich zwei Tiere, so kann zwar jedes Exemplar gleichzeitig als Männchen und Weibchen funktionieren, jedoch wird in der Regel nur ein Tier begattet. Interessanterweise wurde bei einigen Arten (Nacktschnecken) Selbstbefruchtung der Eier nachgewiesen. Neben den Zwittern gibt es auch getrenntgeschlechtliche Arten (Gonochoristen), diese sind in der Familie der Vorderkiemer (Prosobranchia) zu finden. Die Ausbildung der Geschlechtsorgane bei den einzelnen Arten ist sehr unterschiedlich und charakteristisch, so daß sie als wichtige und sichere Bestimmungsmerkmale (s. hierzu S. 66 bis 70) bei verschiedenen Arten herangezogen werden müssen.

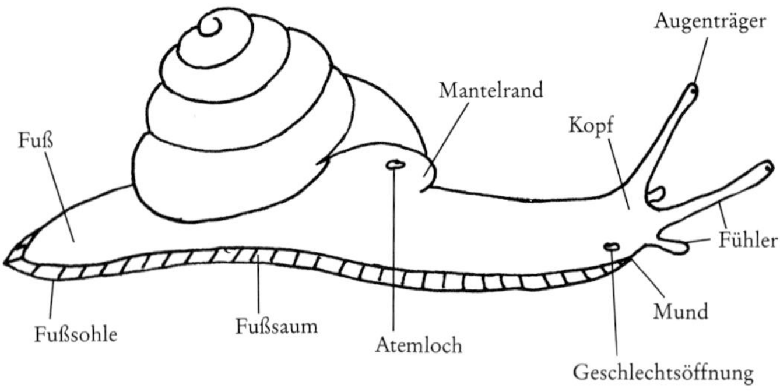

Der im Gehäuse liegende Eingeweidesack verschließt nach außen mit dem Mantelrand die Gehäuseöffnung. In ihm befindet sich die Atemöffnung die nach innen in die Mantelhöhle (Lunge) führt, in der sich auch das Herz und die Niere befinden. Am Ende des spiralförmigen Eingeweidesackes sitzt die Mitteldarmdrüse, die den größten Teil des Körpers einnimmt und mit dem Magen in Verbindung steht. Von ihr aus führt der Darm zum After, dessen Öffnung nahe der Atemöffnung liegt.

Nacktschnecken

Bei Nacktschnecken besteht der gesamte Körper praktisch nur aus dem Fußteil, in dem sich auch alle inneren Organe befinden, da das Gehäuse durch Reduktion verloren ging und somit auch kein besonderer Eingeweidesack vorhanden ist. Auch der Mantel ist stark verändert und bedeckt als ovale oder elliptische, lappenartige Hautfalte (Mantelschild) die vordere Körperhälfte. Die Oberflächenstruktur des Mantelschildes, sowie insbesonders die Lage der Atemöffnung werden als wichtige Bestimmungsmerkmale mit herangezogen. Unter dem Mantelschild befinden sich die stark reduzierten Gehäuseüberreste, die bei der Familie Limacidae als kleine innere Gehäuseschälchen und bei der Familie Arionidae zu einzelnen Kalkkörnern reduziert sind. Weitere Unterschiede treten bei manchen Arten auch im Bezug auf den Sohlen- und Körperschleim auf, der in Farbe (z. B. klar, orange, gelblich, milchig) und Konsistenz (z. B. wäßrig, zäh, sehr zäh) sehr variieren kann.

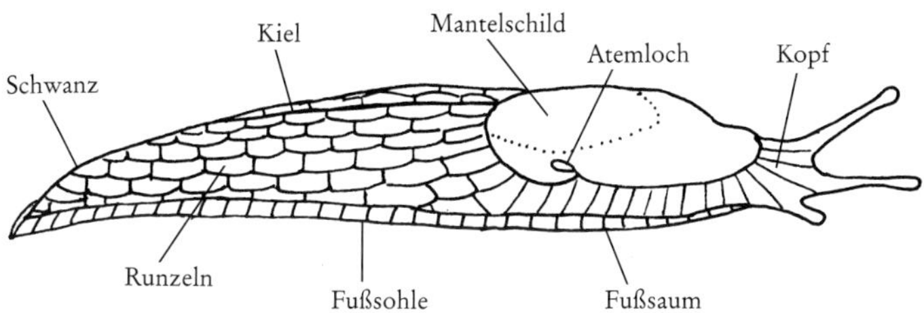

Fortpflanzung

Das Fortpflanzungsverhalten unserer Landschnecken ist bei den einzelnen Arten in Bezug auf den Zeitpunkt der Kopulation und der Eiablage sehr unterschiedlich. So verpaart sich *Bradybaena fruticum* (Genabelte Strauchschnecke) gleich nach dem Verlassen des Winterverstecks, wo sie dann im Frühjahr an warmen Regentagen zahlreich in ihren Lebensräumen bei der Kopulation anzutreffen ist. Bei kurzlebigen Arten wie *Deroceras reticulatum* (Genetzte Ackerschnecke), die erst im Frühjahr aus dem Ei schlüpfen, werden die Tiere im Juni/August geschlechtsreif und verpaaren sich anschließend. Arten, die sehr trockene Lebensräume besiedeln wie *Helicella itala* (Gemeine Heideschnecke), schreiten erst in der kühleren feuchten Jahreszeit (Spätherbst und zeitiges Frühjahr) zur Fortpflanzung. Entsprechend der Paarungszeit ist auch der Zeitraum der Eiablage bei den einzelnen Arten unterschiedlich.

Das ebenfalls recht unterschiedliche Paarungsverhalten bei den einzelnen Arten soll hier am Beispiel der Weinbergschnecke *(Helix pomatia)* dargestellt werden.

Treffen sich 2 begattungsbereite Weinbergschnecken, so betasten sie sich zunächst mit den Fühlern und dem Vorderkörper und beginnen mit dem einleitenden Liebesspiel, wobei sie sich hoch aneinander aufrichten, so daß die Fußsohlen gegeneinander zu liegen kommen und fest aneinandergepreßt werden. Die Tiere gelangen in einen erregten Zustand, wobei die Fußsohlen unabläßig aufeinander hin und her gleiten und sie sich mit den Mundlappen gegenseitig betasten. Nach einiger Zeit sinken sie erschöpft zurück, um nach einer Ruhepause das Liebesspiel von neuem zu beginnen, bis bei einem Partner an der Geschlechtsöffnung eine weiße Genitalpapille erscheint. Dann tritt wieder eine Ruhepause ein. Dieser Vorgang wiederholt sich noch mehrere Male, bis plötzlich Teile der Paarungsorgane (Vagina und Liebespfeilsack) entfaltet werden. Nachdem nun aus den fingerförmigen Drüsen eine größere Menge von weißlichem Sekret abgegeben wurde, erfolgt das durch ruckartige Bewegungen unterstützte Ausstoßen des Liebespfeiles. Dieser dringt in die linke Seite oder in

Helix pomatia beim Liebesspiel, im Körper steckender Liebespfeil, Eiablage, Gelege, Eientwicklung, Verlassen der Bruthöhle

die Sohlenfläche des Partners ein, wodurch es zu einer hochgradigen Erregung bei diesem kommt und dieser dann oft auch seinen Liebespfeil ausstößt. Der darauf folgenden Ruhepause schließt sich ein erneutes, sich steigerndes Liebesspiel an, in deren Folge die Begattungsorgane vollständig ausgestoßen werden, worauf die Tiere ihren Körper so ausrichten, daß sich die Geschlechtsöffnungen gegenüberliegen. Nach anfänglichen Scheinpaarungen bei denen die Geschlechtsorgane auch wieder vollkommen eingezogen werden, kommt es zur Begattung, wobei jedoch nur einem Partner eine Spermatophore übertragen wird, obwohl sie ihre Geschlechtsorgane beide vollkommen vereinigt haben. Nach ca. 10 bis 15 Minuten werden die Geschlechtsorgane zurückgezogen, jedoch dauert es noch 2 bis 3 Stunden bis der Spermatophorenfaden vollkommen eingezogen ist. Nachdem die Tiere noch einige Stunden erschöpft und bewegungslos am gleichen Platz verharren, kriechen sie davon. Die Befruchtung der Eier erfolgt erst kurz vor ihrer Ablage.

Arion ater bei der Kopulation, Kassel NH

Eiablage

Zur Eiablage suchen die Schnecken feuchte Örtlichkeiten auf. Einige graben sich selbst kleine Höhlen (z. B. *Helix pomatia, Helicella itala)* in das Erdreich, um dort die Eier geschützt vor Austrocknung und Feinden abzulegen. Andere legen die Eier auf den Boden unter die feuchte Laub- oder vermodernde Pflanzenschicht, unter feuchtes vermoderndes Holz, unter abgestorbene bemooste Rinde, zwischen Geröll, in Felsspalten oder in feuchten Wurzelfilz von Pflanzen.

Die Anzahl der Eier pro Gelege, sowie deren Größe ist sehr unterschiedlich und von der Größe und dem Entwicklungszustand der einzelnen Arten abhängig. So kann die Eizahl bei kleinen Arten wie *Discus rotundatus* (Gefleckte Schlüsselschnecke) pro Gelege nur 5 betragen, während die große Nacktschnecke *Limax maximus* (Großer Schnegel) bis 300 Eier pro Gelege hervorbringen kann. Die Form der Eier reicht von kugelrund bis stark elipsoidisch, wobei auch alle Übergänge zu finden sind. Viele besitzen eine milchig weiße Färbung und eine äußere feste Kalkschale (Austrocknungsschutz), andere sind durchsichtig und weich und haben nur einzelne Kalkkristalle in der Eihülle eingelagert. Die Entwicklungsdauer der Eier ist besonders vom Temperaturverlauf während der Entwicklung abhängig und kann sich bei kühleren Temperaturen verlängern, jedoch beenden die meisten Arten ihre Entwicklung nach 4 bis 6 Wochen.

Entwicklung

Nach dem Schlupf bleiben die Jungschnecken noch einige Stunden bis mehrere Tage am Ort des Geleges, wobei oft die Eischalen und deren Reste aufgefressen werden. Das Aussehen der Körper gleicht schon ziemlich dem erwachsener Tiere, wobei die Gehäuse bei den Gehäuseschnecken erst wenige Windungen besitzen. Von nun an machen sie eine direkte Entwicklung durch, dies bedeutet daß parallel zum Körperwachstum auch das Gehäuse Streifen um Streifen vergrößert wird, bis das Tier ausgewachsen ist und geschlechtsreif wird.

Dies ist bei den Gehäuseschnecken durch die Herausbildung eines Mundsaumes, einer verstärkten Lippe, oder von Zähnen und Falten in der Mündung zu erkennen. Bei der Familie Zonitidae und den Nacktschnecken trifft dies nicht zu. Hier geben nur die Körpergröße und die Tatsache, daß sich die Tiere verpaaren Auskunft über den Entwicklungszustand. Die Dauer der Wachstumsphase ist recht unterschiedlich und beträgt bei einigen Arten kein Jahr, während andere erst im 2., 3. oder gar 4. Lebensjahr ausgewachsen sind. Dies ist abhängig von der Lebenserwartung, die bei kleinen Arten gerade 1 Jahr beträgt, so daß die Tiere nach der Paarung und Eiablage bald absterben, bei großen Arten *(Helix pomatia)* jedoch bei 5 Jahren liegen kann.

Von oben, jeweils links – rechts:
Eigelege von *Bradybaena fruticum, Discus rotundatus* (kleine Eier), *Cocklodina laminata* (große Eier); *Clausilia pumila, Lanciniaria plicata; Succinea putris* (Laichartig), *Deroceras laeve; Limax cinereoniger, Arion circumscriptus*

Frischgeschlüpfte Jungtiere von *Helix aspersa*

Nahrung

Neben Nahrungsspezialisten gibt es unter den Landschnekken die Kategorie der Allesfresser, zu denen besonders einige Nacktschnecken-Arten *(Arion ater, Limax maximus, Deroceras reticulatum,)* aber auch Gehäuseschnecken *(Arianta arbustorum, Oxychilus cellarius)*, zu zählen sind. Augrund ihres breiten Nahrungsspektrums können diese nach einer Massenentwicklung, besonders auf Kulturflächen oder in Gewächshäusern, zu großen Schädlingen werden. Diese Arten sind in der Nahrungswahl so anspruchslos, daß sie alle organischen Stoffe befressen und sogar Kot nicht verschmähen. Die meisten Arten ernähren sich von vermodernden Pflanzenteilen wobei auch Algen, Pilze, Flechten und gelegentlich Aas aufgenommen werden. Nur wenige ernähren sich vorwiegend von lebensfrischen, grünen Pflanzenteilen. Ausgesprochene Nahrungsspezialisten wie Flechtenfresser *(Chondrina avenacea, Pyramidula rupestris)* oder Fleischfresser *(Daudebardia rufa, Oxychilus mortilleti)* sind selten. Die meisten Arten nehmen entsprechend dem Nahrungsangebot verschiedene Nahrungsstoffe zu sich, so daß eine klare Trennung zur einen oder anderen Gruppe kaum möglich ist.

Arion ater u. *Arianta arbustorum* fressen an Hundekot, Göttingen SN

o.l.: *Helix pomatia* weidet die verwitterte obere Schicht eines Pflanzenstengels ab
o.r.: *Arion ater* frißt lebensfrische Pflanzen

Ruheperioden

Der Lebensrhythmus der Schnecken ist abhängig vom Kleinklima des Lebensraumes. Generell kann gesagt werden, daß warme feuchte Witterung die Aktivität stark steigert, während heiße trockene Witterung und niedrige Temperaturen sie zum Erliegen bringen. Witterungsbedingte Ruhepausen werden als Sommer- oder Winterruhe bezeichnet.

Sommerruhe
Im Sommer legen die Schnecken bei für sie ungünstigen Lebensbedingungen Ruhepausen ein. So suchen sie bei Trockenheit möglichst geschützte Plätze auf, wodurch die Gefahr der Austrocknung vermindert wird. Nacktschnecken, die besonders der Austrocknungsgefahr ausgesetzt sind, verkriechen sich zunächst unter Örtlichkeiten, wie größeren Steinen oder moderndem Holz, wo sich die Feuchtigkeit länger hält. Trocknen auch diese Schlupfwinkel langsam aus, so ziehen sie sich unter Umständen in tiefe Spalten des Erdreichs zurück oder graben sich in den lockeren Boden ein, wo sie bei herabgesetztem Stoffwechsel längere Zeit überdauern können. Gehäuseschnecken sind durch ihr Gehäuse zunächst vor einer

schnellen Austrocknung geschützt. Ist der Körper in das Gehäuse zurückgezogen, so ist nur noch der Mantel in der Gehäusemündung exponiert, der jedoch wesentlich weniger Wasser als der übrige Körper freisetzt. Bei anhaltender Trokkenheit werden zur weiteren Herabsetzung der Verdunstung von Körperflüssigkeit ein oder mehrere aus erhärtetem Schleim gebildete Häutchen (Diaphragma) gefertigt. In diesem Zustand sind einige Arten (s. hierzu auch Unterfamilie Helicellinae S. 300 u. Abb. S. 2 u. 301) sogar in der Lage, extrem trockene, warme Witterung in einer Art Trockenstarre (Trockenschlaf) längere Zeit unbeschadet zu überdauern.

Winterruhe

Im Gegensatz zur Sommerruhe, die von unterschiedlicher Dauer mit öfteren Unterbrechungen stattfindet, wird die Winterruhe als durchgehende Ruhepause begangen. Nacktschnecken verkriechen sich in frostfreie Bereiche des Bodens. Auch die Gehäuseschnecken graben sich zum großen Teil ein oder suchen Schlupfwinkel unter feuchtem Laub und Moos auf. Die Gehäuseöffnung wird mit einem mehr oder weniger

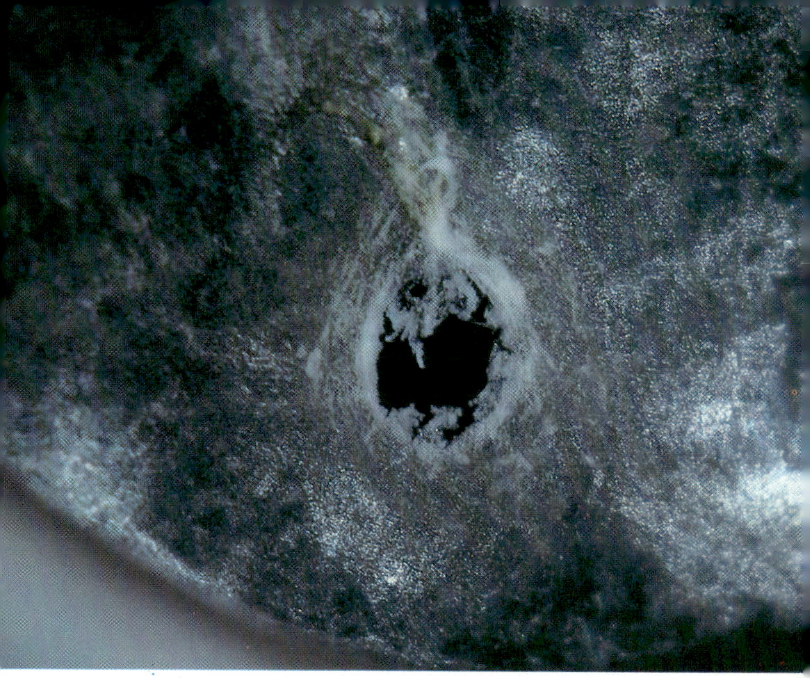

r.o.: Atemloch im Diaphragma

l.u.: *Arianta arbustorum* mit Diaphragma in der Gehäusemündung

r.M.: *Helix pomatia* zur Winterruhe in der Erde eingegraben, Gehäuse mit einem dicken Kalkdeckel (Epiphragma) verschlossen
In Winterruhe unter Moos befindliche *Cepaea nemoralis,* Gehäuse mit dünnhäutigem Epiphragma

dicken Epiphragma verschlossen, welches aus einem durch Kalkeinlagerung verstärkten, weißen, undurchsichtigen Schleimhäutchen besteht. Die Weinbergschnecke *(Helix pomatia)* bildet einen besonders starken, aus kohlen- und phosporsaurem Kalk bestehenden derartigen Winterdeckel aus, wodurch sie auch Winter mit sehr niedrigen Temperaturen gut überstehen kann. Einige kleinere Arten sind sehr winterfest, so daß sie sich nur unter einer dünnen Laubschicht verbergen und an milden Wintertagen schon wieder aktiv werden.

Schneckenfeinde

Das Spektrum der Schneckenfeinde ist sehr groß und umfast verschiedene Tiergruppen. Ein gern gesehener Gartenbewohner ist z. B. der Nacktschnecken verspeisende Igel oder die in den Gärten nur noch selten vorkommende Erdkröte. Aber auch kleinere Säugetiere wie Mäuse oder Spitzmäuse verschmähen diese Beute nicht. So findet man nicht selten in den Gängen dieser Kleinsäuger oder unter Gebüschen ganze Ansammlungen leerer, aufgenagter Gehäuse die auf das nächtliche Mahl dieser Arten hinweisen. Auch unter den Vögeln gibt es eine ganze Reihe Arten die Schnecken nicht verschmähen, wenn diese bei der Nahrungssuche gefunden werden. Zu nennen wären hier die Raben- und Hühnervögel, Tauben, Möwen und nicht zuletzt die Drosseln. Besonders die Singdrossel macht durch ihr Verhalten auf sich aufmerksam. Sie hat es speziell auf Schnecken der Gattung *Cepaea* abgesehen, wobei sie folgende Technik anwendet: Hat sie eine Schnecke entdeckt, packt sie das Gehäuse mit dem Schnabel und trägt es zu einem Stein, der ihr als Amboß dient. Auf diesen wird das Gehäuse solange aufgeschlagen bis es zerspringt und sie die Beute verzehren kann. Die Bruchstücke des Gehäuses bleiben liegen und sammeln sich an, da immer wieder derselbe Stein benutzt wird. Eine derartige Ansammlung zerbrochener Gehäuse nennt man Drosselschmiede.

Schneckenfeinde: Laufkäferlarve dringt in das Gehäuse von *C. nemoralis* ein und tötet das Opfer, Opfer fast aufgefressen, Laufkäferlarve frißt Nacktschnecke, Schneckenkäfer (*Phosphuga atrata*) frißt, junge *Bradybaena fruticum* aus, Gehäuse von *Perforatella incarnata* voller Fliegenlarven, Fliegenpuppen vor dem Gehäuse von *Helicella itala*, Käferlarve des Schneckenräubers (*Drilus flavescens*), Weibchen von *Drilus flavescens* verläßt Schneckenhaus

Sehr viele Schnecken und auch Schneckengelege werden von den verschiedensten Fliegenarten parasitiert. Dies betrifft Nackt- und Gehäuseschnecken gleichermaßen und hat immer den Tod des Wirtes zur Folge. Die Fliege legt das Ei oder die Eier auf dem Wirt ab. Die geschlüpfte Larve bohrt sich in die Leibeshöhle des Wirtes und frißt diesen von Innen her auf, bis dieser stirbt. Nachdem auch die Reste vollkommen aufgefressen sind verpuppt sich die Larve entweder im Gehäuse des Wirtes oder außerhalb. Dies kann man sehr gut bei den durchscheinenden Gehäusen der Glanzschnecken (Familie Zonitidae) beobachten, wo die Fliegenpuppe im leergefressenen Gehäuse zu sehen ist.
Auch unter den Käfern gibt es eine Anzahl, welche Schnecken zu ihrem Nahrungsspektrum zählen. So ernähren sich Käfer und Larven der Laufkäfer (Carabidae) nicht selten von Nackt- und Gehäuseschnecken. Ganz auf Schnecken spezialisiert sind die Larve des Großen Leuchtkäfers *(Lampyris noc-*

o. l.: Weibchen des Leuchtkäfers *Lampyris noctiluca* verzehrt *Helicella itala*,
o. r.: Schneckenschmiede der Singdrossel,
m.: Oxychilus mortilleti versetzt einer *Succinea putris* einen Giftbiß, beim Auffressen der Beute,
u.: leere Gehäuseschalen auf dem Fangschlauch der Spinne *Atypus piceus*.
Schneckenkanker verzehrt Glanzschnecke

tiluca), Larve und Käfer des Schneckenräubers *(Drilus flavaescens)* und der zu den Aaskäfern zählende schwarze Schnekkenjäger *(Phosphuga atrata)*. Das Freßverhalten dieser Arten ähnelt sich sehr. In der Regel wird die Beute (Gehäuseschnekken) durch ein oder mehrmalige Giftbisse getötet und durch Einspritzen von Verdauungssekret vorverdaut und aufgefressen. Durch ihre schlanken Körper können die Larven der Beute bis in die letzten Windungen des Gehäuses folgen.
Daß auch Spinnen zu den Schneckenfeinden zählen, möchte man kaum glauben. Aber schon öfter fand ich im Herbst leere Gehäuseschalen junger Weinbergschnecken, auf oder neben den Fangschläuchen der Tapezierspinne *(Atypus piceus)* einer verstecktlebenden heimischen Spinnenart. Sicher gehören Schnecken nicht zur regelmäßigen Beute dieser Spinne, deren Opfer sie mit Sicherheit nur durch Zufall beim Überkriechen des Fangschlauches wurden. Anders verhält es sich beim Schneckenkanker *(Ischyropsalis hellwigi)* einer seltenen Weberknechtart, die auf dünnschalige Gehäuseschnecken spezialisiert ist, die sie mit ihren kräftigen, krebsscherenähnlichen Cheliceren auseinanderbricht und dann verzehrt.

Schnecken sammeln und das Anlegen einer Gehäusesammlung

Das Beobachten und Sammeln von Schnecken ist generell in allen Lebensräumen möglich, wobei die Anzahl der Arten in einem Biotop jedoch von verschiedenen Komponenten, wie der geologischen Unterlage und ihrer Struktur, dem Bewuchs und dem Kleinklima abhängig ist. Am erfolgversprechensten sind feuchte, unbeeinflußte, natürliche Waldgesellschaften die auf Kalkgestein oder kalkhaltigem Boden stocken. Hier können 40 Arten und mehr gefunden werden, während zum Beispiel saure Moorböden höchstens 2 Arten (s. hierzu auch das Kapitel Lebensräume S. 38 bis 51) aufweisen. Um jedoch einen Überblick über die Molluskengesellschaft eines Gebietes zu bekommen, ist es notwendig die verschiedensten Habitate aufzusuchen und zu besammeln.
Besonders nach warmen Regenfällen kriechen viele Nackt-

und Gehäuseschnecken frei umher, so daß die größeren, aber auch einige kleine Arten leicht zu finden sind. An trockenen Tagen nutzen viele die kühle, feuchte Nachtluft oder die Taubildung, um auf Nahrungssuche zu gehen. Nacktschnecken ziehen sich bei anhaltender Trockenheit auch für längere Zeit tief in den Boden zurück, um erst bei anhaltender Feuchtigkeit wieder zu erscheinen.
Eine ganze Reihe von Arten werden aufgrund ihrer Färbung (braunes Gehäuse) oder der Größe (unter 5 mm) leicht übersehen, zumal es an den Sammlungsplätzen (z. B. dichter Laubwald) bei bedecktem Himmel am Boden recht dunkel sein kann. Hier bietet sich folgendes Verfahren an.
Am ausgewählten Sammelplatz wird die Laubstreu oder das Pflanzenmaterial mit der obersten Bodenschicht entnommen und durch einen Siebsatz von 3 Sieben (diese lassen sich leicht aus je einem Holzrahmen, der mit nichtrostendem Drahtgeflecht der Maschenweite von 10, 5, und 1,5 mm bespannt wird, selbst herstellen) auf einem Stück Plastikplane ausgesiebt, wobei das Pflanzenmaterial über dem Sieb kräftig abgeklopft wird damit die anhaftenden Schnecken abfallen. Das in den Sieben mit 10 und 5 mm Maschenweite verbliebene Siebgut kann vor Ort ausgelesen werden, während das Siebgut in dem Sieb mit 1,5 mm Maschenweite und das auf der Plane liegende getrennt in Beutel verpackt mit nach Haus genommen wird. Beim Verpacken sollte man nicht vergessen, einen Zettel mit den Ortsangaben und Datum beizulegen, damit man beim Besammeln verschiedener Örtlichkeiten, später zu Hause die ausgelesenen Schnecken sicher zuordnen kann. Dort wird das Siebgut auf weißem Papier ausgebreitet und bei guter Beleuchtung ausgelesen, was bei ganz kleinen Arten am besten unter Zuhilfenahme eines binokularen Stereomikroskopes geht. Um die Gehäuse von kleinen Arten nicht zu beschädigen, bedient man sich einer Uhrfederstahlpinzette oder eines angefeuchteten kleinen Malpinsels an dem kleine Gehäuse bei Berührung haften bleiben.
Eine weitere Methode, die sich besonders in Feuchtbiotopen bewährt hat, ist das kräftige Abklopfen von feuchtem Pflanzenmaterial über einer weißen Unterlage, von der die Schnekken gut aufzulesen sind.
Sehr vielversprechend sind auch die Geniste und Spülsäume

der Fließgewässer, worin sich oft größere Ablagerungen aus zahlreichen leeren Gehäuseschalen und deren Bruchstücke befinden. Allerdings muß man bedenken, daß die Gehäuse von den Gewässern aus großer Entfernung herantransportiert werden können, damit man dies beim Einsortieren der Stücke entsprechend vermerkt.

Beim Aufsammeln im Gelände sollte stets ein Protokollbuch mitgeführt werden, um darin Daten über den Sammelort, den besammelten Biotop, der Pflanzengesellschaft und andere wichtige Informationen (z. B. eine Liste der vorkommenden Arten) festzuhalten.

Die gesammelten Tiere bringt man für den Transport je nach Größe in kleinen Schnappdeckelgläschen, Filmdöschen oder in großen Plastikdosen unter, wobei darauf zu achten ist, daß die Behälter Luftlöcher besitzen. Generell sollten nicht zuviele Tiere in einem Behälter untergebracht werden. Bei Nacktschnecken ist für ausreichende Feuchtigkeit zu sorgen. Mollusken die sich im Trockenschlaf befinden, transportiert man am besten in einem trockenen Leinensäckchen, um sie weiterhin in diesem Zustand zu halten.

Grundsätzlich sollte man beim Sammeln die einschlägigen Naturschutzbestimmungen beachten und schonend mit Natur und Umwelt umgehen. Das heißt z. B., daß beim Sammeln umgedrehtes totes Holz und Steine wieder in die Ausgangslage versetzt werden oder daß bei krautigen Pflanzenbeständen darauf geachtet wird, daß nur so wenig wie möglich davon durch das Sammeln in Mitleidenschaft gezogen wird. Außerdem sollte man bei seltenen Arten vorwiegend leere Gehäuse sammeln und nur wenige ausgewachsene Exemplare mitnehmen. Andererseits sollte man auch wissen, daß durch das Sammeln von wenigen Exemplaren einer Art noch nie eine heimische Art im Bestand gefährdet wurde. Weitaus gravierender und für einige Arten sehr bedrohlich sind die fortschreitenden Eingriffe und Zerstörungen der Lebensräume (s. auch S. 52 bis 55) der einzelnen Arten.

Trotzdem stellt sich die Frage, ob das Anlegen einer Sammlung heute noch zu rechtfertigen ist: Ich meine ja, denn nur durch das Sammeln, Bestimmen und Vergleichen wird eine intensive Beschäftigung und Einarbeitung in diese Tiergruppe möglich. Die dadurch erworbenen Kenntnisse ermöglichen ein sicheres und schnelles Ansprechen der Tiere in ihren Lebensräumen. Nach wie vor ist das Anlegen von lokalen Sammlungen, die die Molluskenfauna eines bestimmten Gebietes dokumentieren sehr wichtig, da sie in der Zukunft als Grundlage zur Beurteilung der dann vorhandenen Verhältnisse herangezogen werden können, was nicht zuletzt für den Naturschutz von höchster Bedeutung ist. Will man solch eine lokale Sammlung beginnen, sollte möglichst ein Gebiet ausgewählt werden, das bisher noch nicht oder nur sehr wenig besammelt wurde, um dadurch auch zu den Erkenntnissen über die Gesamtverbreitung (die Erkenntnisse zur Verbreitung beruhen im Bezug auf andere Tierarten, auf verhältnismäßig wenigen Funddaten) der einzelnen Arten beizutragen.

Behandeln des Sammelmaterials

Durch Eintauchen in kochendes Wasser werden die gesammelten Gehäuseschnecken sofort abgetötet. Mit einer gebogenen Präpariernadel oder Pinzette läßt sich der Weichkörper bei den größeren Arten ziemlich leicht aus dem Gehäuse herauswinden. Bei kleineren Arten gelingt dies nicht immer, so daß oft ein Teil des Eingeweidesackes im Gehäuse verbleibt. Solche Exemplare legt man in ein feuchtes, dicht schließendes Glas, was zum Ausfaulen und Zersetzen der Reste führt, die später unter einem kräftigen Wasserstrahl aus dem Gehäuse gespült werden. Bei ganz kleinen Exemplaren ist der Weichkörper praktisch nicht zu entfernen, ihn läßt man völlig eintrocknen.

Je nach Größe werden die Gehäuse nach Arten getrennt in Schachteln (große Arten), Glasröhrchen (kleine Arten) und Gelatinekapseln (ganz kleine Arten) einsortiert und im Dunkeln (Schubkasten) aufbewahrt. Außerdem gehört zu jeder Art ein Etikett mit den genauen Fundortangaben. Auf dem Etikett müssen der Artname, der genaue Fundort, der Name des Sammlers, das Funddatum und Angaben zum Lebensraum und den Fundumständen vermerkt werden.

Lebensräume

Schnecken besiedeln die verschiedensten Biotope. Viele Arten haben sich im Laufe ihrer Entwicklung an bestimmte Lebensräume angepaßt. Dies führte bei einigen Arten zu einem so hohen Anpassungsgrad, der sie jetzt von der Existenz bestimmter für sie lebensnotwendiger Lebensräume abhängig macht. Andere Arten (Ubiquisten) sind sehr anspruchslos und in fast allen Biotopen anzutreffen. Es kann gesagt werden, daß natürliche Lebensräume auf kalkreichen Böden artenreich und saure moorige Böden sehr artenarm sind.

Waldgesellschaften
Ursprünglich war Mitteleuropa größtenteils von Wald bedeckt. Durch die fortschreitende Urbanisierung in den vorigen Jahrhunderten, wurde der Wald in den Flußtälern beginnend, zurückgedrängt, so daß heute nur mehr oder weniger große, zusammenhängende Waldgesellschaften, vorwiegend auf den Kuppen und Erhebungen der Mittel- und Hochgebirgslandschaften übrig geblieben sind. Natürliche Waldgesellschaften bieten auf Grund feuchter, ausgeglichener, klimatischer Verhältnisse den Mollusken ausreichende Versteck- und Nahrungsmöglichkeiten. Entsprechend der Zusammensetzung der einzelnen Waldgesellschaften findet man auch verschiedene Molluskengesellschaften vor, die sich durch bestimmte Arten, die hier ihre größte Siedlungsdichte erreichen, auszeichnen.

Feuchtgebiete
Feuchtgebiete (Feuchtwiesen, Sümpfe, Erlenbrüche, Überschwemmungsbereiche usw.) auf kalkhaltigen Böden mit artenreichen Pflanzengesellschaften (Hochstaudenfluren) bieten den Mollusken ähnliche gute Lebensbedingungen wie naturnahe Wälder. Jedoch unterscheidet sich die Zusammensetzung der Molluskengesellschaft gegenüber der des Waldes, durch einige für diese Biotope charakteristische Arten. Hohe gleichmäßige Luftfeuchtigkeit, auch an warmen, trockenen Sommertagen, kennzeichnen diesen Lebensraum. Feuchtgebiete auf sauren Böden sind extrem molluskenarm.

Kurzrasige Wiesen und Kalk-Magerrasen, Sanddünen
Die aus extensiven Bewirtschaftungsformen hervorgegangenen Lebensräume zeichnen sich durch eine besondere Artenzusammensetzung aus. Entstehen doch an solchen sonnenexponierten, in Hanglage befindlichen Standorten mitunter extrem hohe Bodentempera-

turen, die von den Bewohnern einen hohen Anpassungsgrad gegenüber Trockenheit und hohen Temperaturen verlangt. Erst die Kultivierung unserer Landschaft durch den Menschen schuf die Lebensräume, die das Einwandern einiger ursprünglich mehr im südlichen Europa vorkommenden Arten ermöglichte. Auch Sanddünen, ob im Binnenland oder an der Küste gelegen, können ähnliche Molluskengesellschaften aufweisen.

Felsen, Mauern und Geröllfelder
Auch diese Lebensräume beherbergen eine für sie typische Molluskengesellschaft, besonders wenn das Substrat aus Kalkgestein besteht. Diese Gesellschaft setzt sich aus Arten zusammen, die unter erschwerten Bedingungen (Wärme, Kälte, Trockenheit, schlechtes Nahrungsangebot) existieren können. Trotzdem zählen einige Arten davon zu den baumbewohnenden und sind auch an anderen Standorten zu finden. Die Anzahl der reinen Felsbewohner, das heißt daß diese Arten ihr Leben nur an Felsen verbringen und diese nie verlassen, ist sehr gering. Echte Felsenschnecken bleiben auch bei extremer Trockenheit am Felsen sitzen, während die anderen Arten schon längst in den Felsspalten verschwunden sind. Nicht selten findet man Arten dieser Gesellschaft auch an alten Mauern, Ruinen und zwischen Geröll.

Lebensräume im Hochgebirge
Die hier siedelnde Molluskengesellschaft ist starken klimatischen Schwankungen ausgesetzt. Eine lange Schneebedeckung mit der daraus resultierenden kurzen Vegetationszeit, verbunden mit starken Temperaturschwankungen, verlangen einen hohen Anpassungsgrad von den Bewohnern derartiger Biotope. Durch die Nichtvergletscherung hoher Berggipfel während der Eiszeiten konnten dort Arten überdauern, die heute als endemische Arten nur lokale Vorkommen besitzen.
Da die Zusammensetzung der Molluskengesellschaften von vielen Faktoren (Vegetation, Geologische Unterlage, Kleinklima, Pflanzengesellschaften unsw.) abhängig sind, lassen sich selbst bei offensichtlich gleichartigen Biotopen keine allgemein gültigen und überall zutreffende Aussagen in Bezug auf die Artenzusammensetzung machen. So können zum Beispiel bei gleichartigen Biotopen, die zum einen in Mitteldeutschland und zum anderen in Süddeutschland liegen, allein durch die Verbreitungsareale der einzelnen Arten, unterschiedliche Zusammensetzungen der Molluskengesellschaften entstehen. Aus diesem Grunde werden hier verschiedene Biotope mit den dort existierenden Molluskengesellschaften beschrieben.

Kalk-Buchenwald am Schartenberg bei Zierenberg/ Nordhessen

Dieser auf steiler Südwest-Hanglage auf Muschelkalk stockende natürliche Buchenwald zeichnet sich durch eine stellenweise reichhaltige Bodenflora mit viel Totholz aus. Die am Fuße des Hanges gelegenen, etwas feuchteren Bereiche sind durch Baumarten wie Bergahorn, Esche, Hasel und einer flächendeckenden Krautschicht gekennzeichnet.

Vorkommende Arten:
Pomatia elegans – Abida secale – Ena montana – Ena obscura – Discus rotundatus – Arion ater – Arion silvaticum – Aegopinella pura – Aegopinella nitens – Aegopinella nitidula – Oxychilus cellarius – Boetgerilla pallens – Euconulus fulvus – Cochlodina laminata – Macrogastra ventricosa – Clausilia parvula – Clausilia bidentata – Balea biplicata – Bradybaena fruticum – Perforatella incarnata – Trichia hispida – Helicodonta obvoluta – Helicodonta lapicida – Isognomostoma isognomostoma – Cepaea nemoralis – Cepaea hotensis – Helix pomatia

Trockene Hainbuchenwaldgesellschaft bei Kassel/Nordhessen

Diese auf trockenem Basaltgeröll stockende Waldgesellschaft zeichnet sich durch eine besonders aus Nacktschnecken-Arten bestehende, arme Molluskengesellschaft aus. Das durch einen dichten Wurzelfilz abgedeckte Basaltgeröll bietet hier mit seinen vielen Spalten und Hohlräumen den Nacktschnecken gute Unterschlupfmöglichkeiten.

Vorkommende Arten:
Discus rotundatus – Arion ater – Arion circumscriptum – Aegopinella nitens – Oxychilus cellarius – Limax maximus – Limax cinereoniger – Limax tenellus – Lehmannia marginata – Deroceras reticulatum

Schwarzerlenquellsumpf bei Kassel/Nordhessen
Auwaldähnlicher, bachbegleitender Schwarzerlenbestand mit angrenzender, im Sommer mit Hochstaudenfluren bestandener Sumpfwiese, die von Sickerquellen durchzogen ist.

Vorkommende Arten:
Carychium minimum – Carychium tridentatum – Oxyloma elegans – Succinea putris – Cochlicopa lubrica – Columella edendula – Columela aspersa – Discus rotundatus – Arion ater – Arion subfuscus – Arion hortensis – Arion circumscriptum – Arion fasciatus – Ation intermedius – Vitrina pellucida – Eucobresia diaphana – Vitrea crystallina – Vitrea contracta – Aegopinella nitidula – Nesovitrea hammonis – Oxychilus alliarius – Oxychilus draparnaudi – Daudebardia rufa – Zonitoides nitidus – Limax maximus – Limax cinereoniger – Malacolimax tenellus – Lehmannia marginata – Deroceras laeve – Deroceras reticulatum Boettgerilla pallens – Euconulus fulvus – Clausilia pumila – Clausilia cruciata – Bradybaena fruticum – Perforatella incarnata – Trichia hispida – Arianta arbustorum – Cepaea hortensis

Beschatteter Muschelkalkfelsen eines Kalk-Buchenschluchtwaldes bei Kassel/Nordhessen
Der Baumbestand der Schluchtwälder setzt sich aus Buche, Esche, Bergahorn und Ulme zusammen. Diese Wälder stocken auf felsiger, von Sickerwässern durchflossener, steiler Hanglage. Der oft felsendurchsetzte Baumbestand ist aufgelockert, so daß eine reichhaltige Kraut-, Farn- und Moosschicht vorhanden ist. Hier sollen nur die Molluskenvorkommen im Bereich der Felsen, im Moos, Fallaub und am Felsen selbst berücksichtigt werden.

Vorkommende Arten:
Acicula polita – Carychium tridentatum – Cochlicopa lubrica – Abida secale – Acanthinula aculeata – Ena montana – Ena obscura Punctum pygmaeum – Discus rotundatus – Vitrina pellucida – Vitrea diaphana – Vitrea crystallina – Vitrea contracta – Aegopinella pura – Oxychilus cellarius – Daudebardia rufa – Euconulus fulvus – Celcilioides acicula – Cochlodina laminate – Macrogastra ventricosa – Macrogasta plicatula – Clausilia parvula – Clausilia bidentata – Clausilia dubia – Balea biplicata – Perforatelle incarnata – Helicodonta obvoluta – Helicigona lapicida – Isognomostoma isognomostoma.

Bergsturz bei Motzenrode in Nordhessen
Bergstürze prägen das Landschaftsbild des Nord-Hessischen Werra-Berglandes. Die am Rande einer Muschelkalkdecke, aus Sturzfließungen von Muschelkalkschollen, auf dem untergelagerten mergeligen Röt hervorgegangenen Abrißflächen, stellen einzigartige Lebensräume für zum Teil wärmeliebende Tier- und Pflanzenarten dar. Das Biotop ist geprägt durch offene, in Südwestexposition liegende Felsfluren, auf durch Verwitterung des Gesteins entstandenen Feinschutthalden, am Fuße der Felsbänder. Hier siedelt eine zur Steppenheide zählende Blaugrasrasengesellschaft.

Vorkommende Arten:
Acicula polita – Abida secale – Pupillamuscorum – Vallonia costata – Vallonia excentrica – Ena obscura – Discus rotundatus – Arion ater – Arion brunneus – Oxychilus cellarius – Tandonia rustica – Celcilioides acicula – Cochlodina laminata – Macrogastra ventricosa – Macrogastra plicatula – Clausilia parvula – Clausilia bidentata – Clausilia cruciata – Balea biplicata – Helicella itala – Perforatelle incarnata – Trichia sericea – Helicodonta obvoluta – Helicigona lapicida.

An nicht weit entfernten Bergstürzen kommen außerdem noch zwei wärmeliebende Arten, „Pomatia elegans und Granaria frumentum“, vor.

Feuchter Straßengraben entlang eines Feldweges
Hier handelt es sich um einen mit krautigen Sumpfpflanzen bewachsenen, nur wenig Wasser führenden und im Sommer austrocknenden Straßengraben auf Kalkboden.

Vorkommende Arten:
Succinea putris – Cochlicopa lubrica – Discus rotundatus – Arion ater – Arion hortensis – Vitrina pellucida – Aegopinella nitidula – Oxychilus cellarius – Boetgerilla pallens – Euconulus fulvus – Balea biplicata – Bradybaena fruticum – Trichia hispida – Cepaea nemoralis – Cepaea hotensis – Helix pomatia.

Kalksteinfelswand in der Garnitzenklamm in Südkärnten/ Österreich

Die durch die Erosionskraft des Gebirgsbaches entstandene Felswand läßt sich in einen trockenen und einen feuchten Bereich gliedern. Während der untere Teil der Felswand, bedingt durch die Beschattung des stellenweise aufgelockerten Bergwaldes und der vom Gebirgsbach ausgehenden höheren Luftfeuchtigkeit ziemlich feucht ist, sind die oberen Felsblößen der direkten Sonnenbestrahlung voll ausgesetzt und trocken. Die vorkommenden Arten wurden am Fels und in der Bodenstreu am Felsfuß gefunden.

Vorkommende Arten:
Cochlostoma septemsprirale – Cochlostoma henricea plumbeum – Pyramidula rupestris – Granaria illyrica – Chondrina avenaecea – Chondrina clienta – Ena montana – Discus rotundatus – Limax maximus – Cochlodina laminata – Cochlodina fimbriata – Charpentieria stentzii – Macrogastra ventricosa – Macrogastra plicatula – Clausilia dubia – Perforatelle incarnata – Trichia edendula – Chilostoma achates – Chilostoma cingulatum – Chilostoma intermedium – Isognomostoma isognomostoma – Helix pomatia.

Alpine Zwergstrauchheide auf dem Dobratsch (2168 m) bei Villach Südkärnten/Österreich

Die über der Baumgrenze gelegene Zwergstrauchheide wird nur von Arten bewohnt die mit den extremen klimatischen Bedingungen leben können. Neben den hier vorkommenden Charakterarten, dringen gelegentlich auch Waldarten bis hierhin vor. Insgesamt wurden nur sehr wenig Arten festgestellt, was auch auf die sehr trockenen Bodenverhältnisse, die vorgefunden wurden, zurückzuführen ist. Bemerkenswert dagegen das häufige Vorkommen der im Trockenschlaf an den Alpenrosenbüschen sitzenden Arianta arbustorum alpicola.

Vorkommende Arten:
Cochlicopa lubrica – Vallonia pulchella – Ena montana – Oxychilus cellarius – Trichia unidentata – Trichia edentula – Helicodonta obvoluta – Arianta arbustotum alpicola.

Kalktrockenrasen bei Sontra in Nordhessen
Die Abbildung zeigt einen sehr lückigen Kalkmagerrasen, der auf dem anstehenden Kalkschotter einer auf Lößlehm ruhenden Muschelkalkscholle wächst. Die Trockenheit derartiger Standorte resultiert aus der guten Wasserdurchlässigkeit des Muschelkalkes, während der lückige Bewuchs eine schnelle Erwärmung des Bodens garantiert, die durch die Speicherfähigkeit des Muschelkalkes lange erhalten bleibt. Solche Standorte stellen oft die letzten Rückzugsgebiete für wärme- und trockenheitsliebende (xerophile) Tier und Pflanzenarten da. Auch für einige Schneckenarten sind sie von existenzieller Bedeutung.

Vorkommende Arten:
Cochlicopa lubricella – Truncatellina cylindrica – Pupilla muscorum – Granaria frumentum – Vallonia costata – Vallonia excentrica – Celcilioides acicula – Clausilia parvula – Cochlodina laminata – Helicopsis striata – Helicella itala – Cepaea nemoralis – Cepaea hortensis – Helix pomatia.

Dünenstreifen an der Atlantikküste bei Notre-Dame-de-Monts, Frankreich
Dünen im Küstenbereich stellen trockene, offene Habitate dar, die in der Regel von Vertretern der Unterfamilie Helicellinae (Heideschnecken) bewohnt werden. Einige drangen entlang der Küste auch weiter nach Norden vor und besiedeln heute Gebiete die weitab ihrer ursprünglich südlichen Verbreitung liegen. Insbesonders ist hier Cochlicella acuta zu nennen die bis Großbritannien vorgedrungen ist.

Vorkommente Arten:
Candidula intersecta – Candidula gigaxi – Cernuella virgata – Cochlicella acuta – Theba pisana.

Macchia bei Les Baux in Südfrankreich
Diese trockene und vorwiegend aus immergrünen Pflanzen bestehende Strauchformation ist im mediterranen Bereich noch häufig anzutreffen. Die Strauchgesellschaft setzt sich aus Arten wie Zedernwacholder, Myrte, verschiedenen Wolfsmilcharten, Zistrosen, Lavendel, Thymian, Rosmarin und anderen zusammen. Diese im Sommer extrem trockenen Lebensräume beherbergen eine verhältnismäßig reiche Molluskengesellschaft. Dies wird besonders nach längeren, den Boden durchfeuchtenden Niederschlägen offenkundig, wenn dann auch die sich eingrabenden Arten hervorkriechen.

Vorkommende Arten:
Pomatia elegans – Granopupa granum – Granaria variabilis – Solatopupa similis – Rumina decollata – Sphincterochila candidissima – Candidula gigaxii – Cernuella virgata – Cernuella cespitum – Helicella itala – Helicella conspurcata – Trochoidea elegans – Trochoidea trochoides – Cochlicella acuta – Theba pisana – Eubania vermiculata – Cepaea nemoralis – Helix aspersa – Helix melanostoma.

Alte Friedhofsmauer bei Bedoin am Mont Ventoux/ Südfrankreich
Diese alte spaltenreiche Trockenmauer am Rande der Kleinstadt Bedoin bietet zahlreichen Molluskenarten Unterschlupfmöglichkeiten und Schutz vor der direkten Sonnenbestrahlung.

Vorkommende Arten:
Zebrina detrita – Jaminia quadridens – Granopupa granum – Granaria variabelis – Solatopupa similis – Zonites algirus – Balea perversa – Sphincterochila candisissima – Candidula gigaxii – Theba pisana – Eubania vermiculata – Helix aspersa.

Ursachen des Artenrückganges bei den Mollusken und ihre Einstufung in Rote Listen

Seit Beginn der Industrialisierung, besonders aber seit Mitte unseres Jahrhunderts, verändert der Mensch mit Hilfe der Technik und der fossilen Energieträger Natur und Landschaft in einem bisher nicht gekannten Ausmaß. Viele Tier- und Pflanzenarten mußten dies mit der Verkleinerung oder gar völligen Vernichtung ihrer Lebensräume, mit der Abnahme ihrer Bestände und in einigen Fällen mit ihrer Ausrottung bezahlen. Nun hat der Mensch in den wenigsten Fällen die bedrohten oder ausgestorbenen Arten direkt verfolgt und vernichtet, aber durch sein tägliches Handeln greift er ständig in die Natur ein, ohne zu wissen welche gravierende Folgen dies für einzelne Arten hat.

Ursachen des Artenrückgangs bei den Mollusken

1. Ständige Vernichtung von Biotopen im Siedlungsbereich der Städte und Gemeinden. Oft auch die Umgestaltung von natürlichen Lebensräumen in gepflegte Lebensräume, z.B.: durch Neuanlage von Rad- und Wanderwegen entlang von Bächen und Flüssen und der anschließenden regelmäßigen Pflege, wie das Mähen von einem 2 bis 3 m breiten Streifen beidseits entlang des Weges können die Lebensräume für im Uferbereich siedelnde Arten stark einengen oder auch ganz vernichten, zumal auch heute oft noch die nicht so arbeitsintensiven Spritzmittel (Insektizide, Herbizide, Fungizide) zum Einsatz kommen.
2. Flurbereinigungen werden nach wie vor trotz ständiger Überschüsse in der Landschaft durchgeführt. So gibt es in Deutschland Gebiete die nicht nur einmal flurbereinigt wurden, sondern schon zwei oder gar dreimal. Zwar hat der Naturschutz bei solchen Maßnahmen ein Mitspracherecht und für vernichtete Biotope wie das Einebnen von Rainen, Abholzen der Feldgehölze und Hecken werden gelegentlich in der Nähe oder auch anderswo Ausgleichmaßnahmen geschaffen. So sehr dies zu begrüßen ist, kann es nur ein schwacher Trost für die verlorengegangenen, gewachsenen artenreichen Biotope sein. Zwar werden neu

geschaffene Biotope aus Menschenhand schon nach einigen Jahren von einer ganzen Anzahl zumeist flugfähiger Arten (Vögel, Schmetterlinge, Wildbienen, Käfer usw.) besiedelt, jedoch fehlen solche Arten, die Aufgrund eines kleineren Aktionsradiuses nur geringe Ausbreitungsmöglichkeiten haben oder höchste Ansprüche an das Ökosystem in dem sie leben, stellen. Zu diesen Tierarten gehören die Mollusken. Populationen an Feldrainen, in Hecken und in Feldgehölzen sind oft isolierte Überreste einer einst zusammenhängenden Verbreitung. Abholzen und Umbrechen dieser Biotope hat das Erlöschen der Population zur Folge. Isoliert stehende neu geschaffene Lebensräume können nur durch indirekte Verschleppung besiedelt werden.

3. Der gravierende Wandel in der Landwirtschaft hat die von ihr betroffenen Lebensräume in den letzten Jahrzehnten stark verändert. Zu nennen sind hier die Entwässerung landwirtschaftlicher Flächen, Umwandlung von Extensivgrünland in Intensivgrünland, Umwandlung von Grünland in Äcker, die Bodenverdichtung durch schwere landwirtschaftliche Fahrzeuge, Überdüngung von Böden mit Nährstoffen (Kunstdünger, Gülle), Einsatz von Bioziden (Insektizide, Herbizide, Fungizide, Rodentizide). Das verbotene Abbrennen der Feldraine, Aufgabe der Beweidung von Magerrasen und anderem extensiv bewirtschafteten Grünland mit der negativen Folge der natürlichen Verbuschung oder gar Aufforstung (oft mit Weihnachtsbaumkulturen) stellt eine weitere Zerstörung wertvoller Lebensräume dar.

4. Die Wälder, Lebensraum für viele Schneckenarten haben sich unter dem Einfluß des Menschen von Naturwäldern zu Wirtschaftswäldern gewandelt. Vielerorts wurde der artenreiche Laubwald nach Kahlschlägen mit all den gravierenden Begleiterscheinungen für Flora und Fauna, durch lichtarme monotone Nadelholzwälder ersetzt. Für Schneckenarten mit besonderem Anspruch an Struktur, Licht, Klima und Nahrungspflanzen bedeutete dies langfristig das Ende. Seitdem Kamin- und Kachelöfen wieder sehr beliebt sind, steigt auch die Zahl der von den Forst-

ämtern ausgegebenen Holzlesescheinen, was stellenweise zur starken Verminderung des Totholzanteiles in den Wäldern führt. Gerade aber unter diesem Totholz halten sich besonders in Trockenzeiten oft ganze Schneckenpopulationen auf.

5. Der zügellosen Erschließung der Alpen, für den in Massentourismus ausgearteten Wander-, Kletter- und Wintersport, sind die zahlreichen nicht zu übersehenden Landschaftsschäden zuzuschreiben. Zahlreiche Straßen zur Erschließung auch der letzten Winkel zerschneiden zusammen mit unendlich vielen Skiliften und Skipisten die Naturlandschaften. Tiefe Erosionsrinnen zeugen von der sinnlosen Zerstörung der empfindlichen Vegetationsdecke der Almmatten mit Planierraupen, um skigerechte Abfahrtpisten zu gestalten. Starke Regenfälle waschen die dünne ungeschützte Humusdecke schnell ab, bis nackte Felsen und Geröllhalden übrigbleiben. Derartige Landschaftsschäden zerstören nicht nur die Lebensräume alpiner Rasen bewohnender Molluskengesellschaften, sondern können auch zu gewaltigen Bergstürzen führen, was sich gerade in den letzten Jahren verschiedentlich zeigte.
6. Ruinen beherbergen mitunter ein reiches Schneckenleben. So stellen sie durch Lage, Bewuchs und Struktur, felsenbewohnenden Arten einen oft optimalen Lebensraum. Als Anziehungspunkte des Ausflugsverkehrs und den daraus resultierenden Bereinigungs- und Erhaltungsmaßnahmen, können leicht ganze Schneckenpopulationen ausgelöscht werden. Die Entfernung des abgefallenen, in unterschiedlichen Schichten faulenden Laubes, Rodung des Gestrüpps und der Brennesselbestände, Sandstrahlen der alten Gemäuer zwecks Entfernung von Moosen, Flechten und lokkeren Gesteins und die anschließende Vermörtelung der den Schnecken als Schlupfwinkel dienenden Mauerfugen, hat verheerende Folgen.

Die aufgezeigten Ursachen haben bei einzelnen Molluskenarten zu einem mehr oder weniger starken Rückgang geführt. Besonders betroffen sind Arten, die aufgrund ihrer Entwicklung stark differenzierte Habitatsansprüche stellen, in der Regel nur über wenige zerstreute Populationen verfügen und da-

durch als von Natur aus selten einzustufen sind. Diese Arten sind besonders gefährdet und bedürfen des besonderen Schutzes. Der Schutz darf sich jedoch nicht wie allgemein üblich, auf das Tier (Sammelverbot usw.) beziehen, sondern insbesondere auf den Lebensraum dieser Arten. Da dies auch auf andere Elemente der Flora und Fauna zutrifft, wurden von Seiten des Naturschutzes „ROTE LISTEN“ erstellt, die den Gefährdungsgrad der einzelnen Tier- und Pflanzenarten aufzeigt. Diese Listen sollen eine Entscheidungshilfe für landschaftsverplanende Behörden, den Gesetzgeber und auch für den Naturschutz darstellen. Im Naturschutz können sie zum Beispiel Grundlage bei der Erarbeitung von Hilfsprogrammen sein.
Die als gefährdet eingestuften Arten werden in 5 Kategorien eingeordnet.

⓿ Ausgestorben oder verschollen
❶ Vom Aussterben bedroht
❷ Stark gefährdet
❸ Gefährdet
❹ Potentiell gefährdet

Erklärungen zu den einzelnen Kategorien:
zu ⓿ Keine Beobachtungen bzw. Vermehrungsnachweise in den letzten 40 Jahren.
zu ❶ Starker Rückgang auf eine bedrohliche bis kritische Größe, oder von Natur aus in einzelnen, sehr kleinen Populationen auftretend.
zu ❷ Regional bereits verschwunden, im gesamten Untersuchungsgebiet stark zurückgehend oder von Natur aus selten vorkommend.
zu ❸ Regional stark abnehmend, lokal verschwunden oder von Natur aus regional selten vorkommend.
zu ❹ Nur wenige Vorkommen im Gebiet, die aktuell nicht bedroht sind, aber durch Veränderung ihrer Lebensräume gefährdet werden können.

Die bei den einzelnen Arten angegebenen Gefährdungsgrade wurden entnommen aus:
Rote Liste der gefährdeten Tiere und Pflanzen in der Bundesrepublik Deutschland, Stand 1984

Familienbestimmungsschlüssel

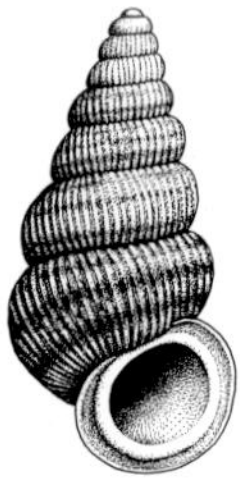

Familie Cyclophoridae, Turmdeckelschnecken
Die Gehäusehöhe des konischen Gehäuses liegt zwischen 6,5 bis 8 mm, Mündung nach außen erweitert und durch ein dünnes, horniges Operculum verschlossen. **S. 72**

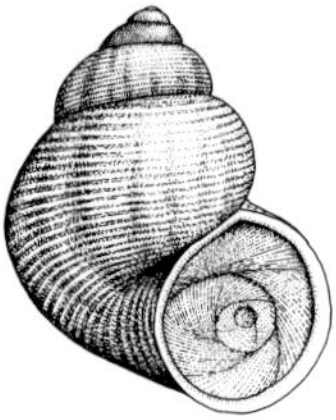

Familie Pomatiasidae, Landdeckelschnecken
Gehäuse fest und dickwandig mit auffallender, gitterartigen Oberflächenstruktur, die kreisrunde Mündung mit einem dick verkalkten Operculum verschlossen. **S. 76**

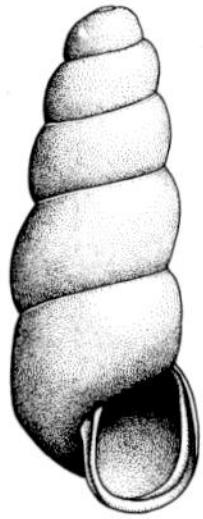

Familie Aciculidae, Nadelschnecken
Kleine Gehäuse (1,5 mm x 6 mm) von zylindrisch-turmförmiger Gestalt. Gehäusemündung durch ein dünnes, horniges Operculum verschlossen. **S. 80**

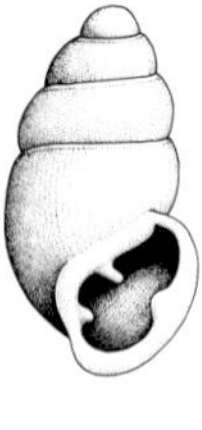

Familie Ellobiidae, Küstenschnecken
Gehäuse sehr klein (max. 2,2 mm x 1,1 mm), farblos und durchscheinend, spindelförmig mit 4 1/2 bis 5 Umgängen, Mundsaum verdickt und bezahnt. **S. 84**

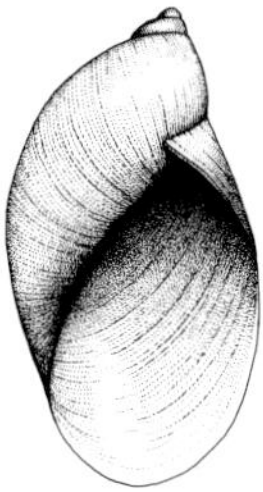

Familie Succineidae, Bernsteinschnecken
Gehäuse dünnwandig, leicht zerbrechlich und durchscheinend, mit nur wenigen (3 bis 3 1/2) Umgängen, der letzte stark erweitert. **S. 88**

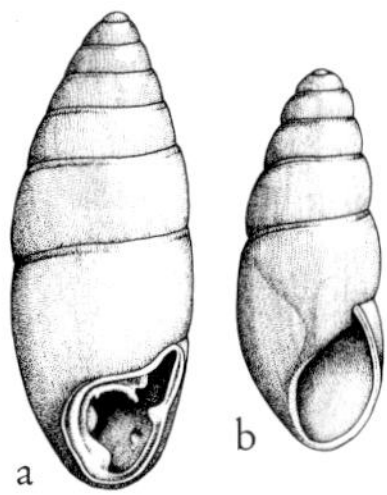

Familie Cochlicopidae, Achatschnecken
Gehäuse ungenabelt, klein (5 bis 7,5 mm Höhe), Oberfläche glatt, glänzend bis stark glänzend und durchscheinend. **S. 96**

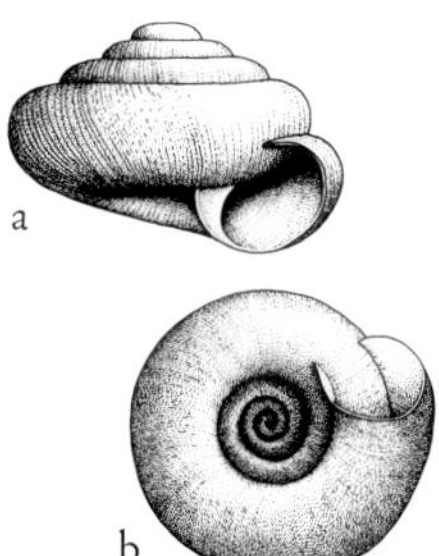

Familie Pyramidulidae, Pyramidenschnecken
Gehäuse sehr klein (max. 2 mm x 3 mm), von kreiselförmiger Gestalt, weit und tief genabelt. **S. 102**

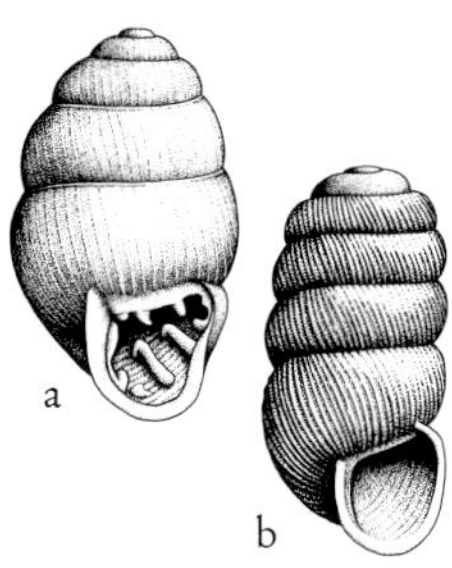

Familie Vertiinidae, Windelschnecken
Gehäuse sehr klein (von 1,7 bis 3 mm Höhe) von eiförmiger oder zylindrischer Gestalt. Einige Arten in der Mündung mit einem charakteristischen Zahnbesatz. **S. 104**

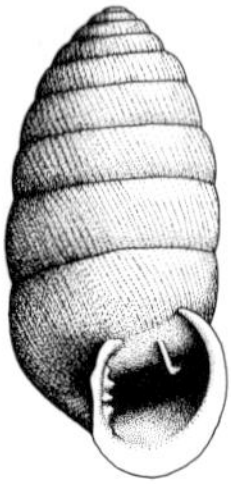

Familie Orculidae, Fäßchenschnecke
Gehäuse klein (von 3 bis 9 mm Höhe) von zylindrischer Gestalt und einer Bezahnung (Parietalfalte und 1 bis 2 Columellarfalten) in der Mündung. **S. 112**

Familie Chondrinidae, Kornschnecken
Gehäusehöhe zwischen 4 und 10 mm, an der Spitze zunächst von konischer Gestalt und auf den letzten Umgängen ziemlich zylindrisch. Mündung mit mehreren faltenartigen Zähnen. **S. 118**

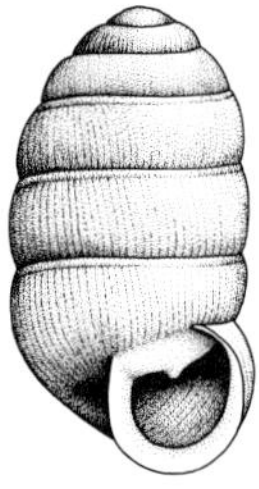

Familie Pupillidae, Puppenschnecken
Gehäuse klein (2,8 bis 4 mm Höhe), von walzenförmiger, ovaler Form, Mündung meistens bezahnt, weißer Nackenwulst. **S. 134**

Familie Vallonidae, Grasschnecken
Unterfamilie Valloniinae
Weißliche sehr kleine Gehäuse (bis 2,7 mm Breite) flach, scheibenförmig mit großem offenem Nabel, Mündung rund, Mundsaum zu einer Lippe erweitert. **S. 138**

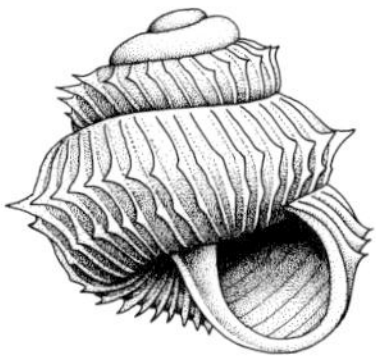

Familie Vallonidae, Grasschnecken
Unterfamilie Acanthinulinae
Gehäuse sehr klein (2 mm x 2 mm), von stumpfkonischer Gestalt, Nabel eng, Gehäuseoberfläche mit lamellenartigen Rippen. **S. 142**

a b

Familie Enidae, Turmschnecken
Mittelgroße Gehäuse (von 7 bis 25 mm Höhe), von zylindrisch/konischer Gestalt, glatte, regelmäßig anwachsende, schwach gewölbte Umgänge, 2 Arten mit stumpfen Zähnen in der Mündung. **S. 144**

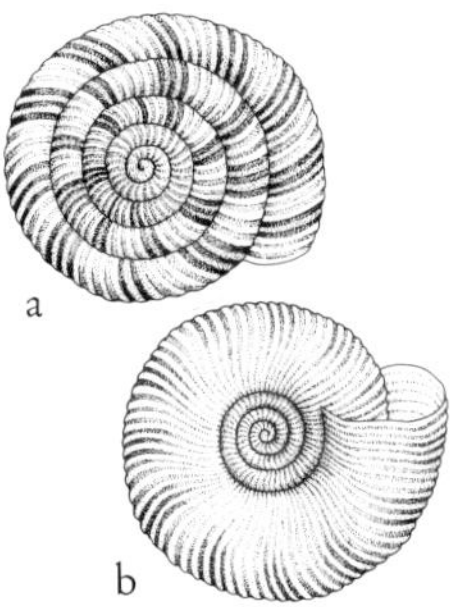

a b

Familie Endodontidae, Schlüsselschnecken
Das Gehäuse ist sehr klein (bis 1,5 mm Breite) oder klein (bis 7 mm Breite), flach scheibenförmig und mit weitgeöffnetem flachen Nabel. **S. 156**

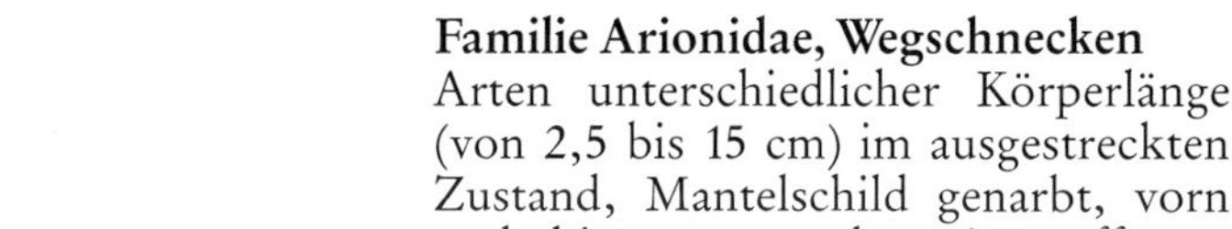

Familie Arionidae, Wegschnecken
Arten unterschiedlicher Körperlänge (von 2,5 bis 15 cm) im ausgestreckten Zustand, Mantelschild genarbt, vorn und hinten gerundet, Atemöffnung groß, nahe der Mitte am rechten Unterrand des Mantelschildes. **S. 162**

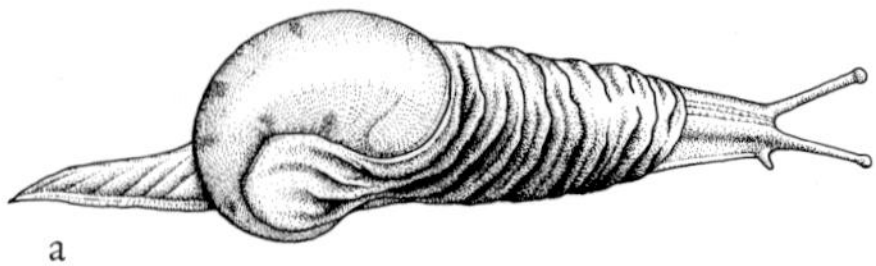

a

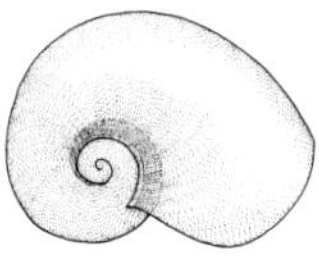

b

Familie Vitrinidae, Glasschnecken
Gehäuse klein (4,5 bis 6 mm Breite), sehr dünnwandig und zerbrechlich, stark glänzend und durchscheinend, Umgänge sich stark erweiternd. **S. 180**

Familie Zonitidae, Glanzschnecken
Unterfamilie Zonitinae und Unterfamilie Gastrodontinae
Kleine bis sehr große Gehäuse (2,5 bis 50 mm Breite), von scheibenförmiger Gestalt mit nur wenig erhobenem Gewinde, Oberfläche meist glatt und glänzend, Umgänge mehr oder weniger stark erweitert. **S. 212 u. 220**

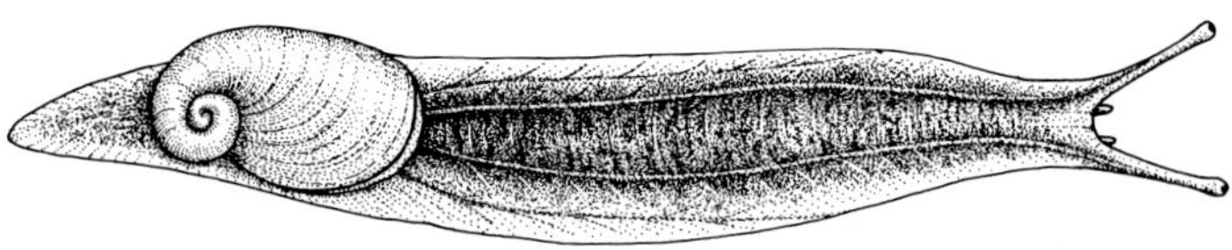

Familie Zonitidae, Glanzschnecken
Unterfamilie Daudebardiinae
Körper nacktschneckenähnlich und nicht in das Gehäuse zurückziehbar, Gehäuse klein (4 bis 6 mm Breite), sehr flach, Endwindung stark erweitert.
S. 214

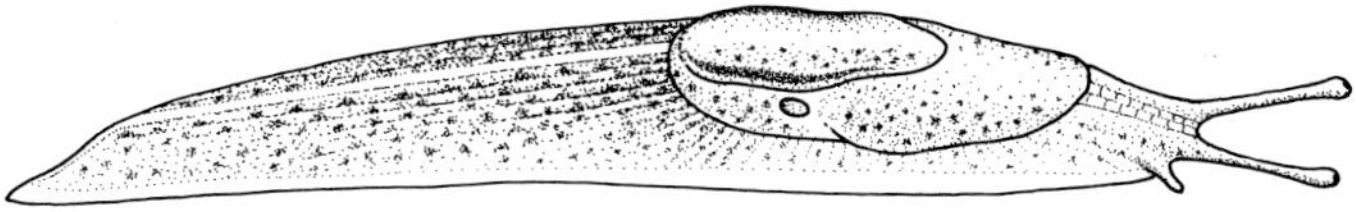

Familie Milacidae, Kielnacktschnecken
Kennzeichen dieser Familie ist der vom Mantel bis zur Schwanzspitze auf dem Rücken verlaufende Kiel. Atemöffnung auf der rechten Seite hinter der Mantelmitte. **S. 222**

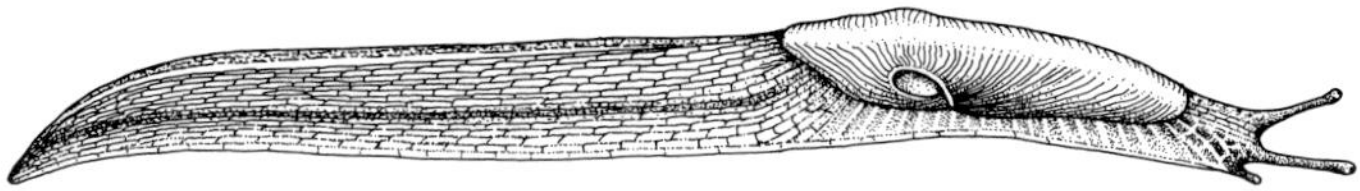

Familie Limacidae, Schnegel
Arten unterschiedlicher Körperlänge (2,5 bis 20 cm) im ausgestreckten Zustand, Mantel lappenartig mit feinen konzentrischen Runzeln, Atemloch auf der rechten Seite hinter der Mantelmitte, Rückenkiel den Mantelrand nicht erreichend. **S. 224**

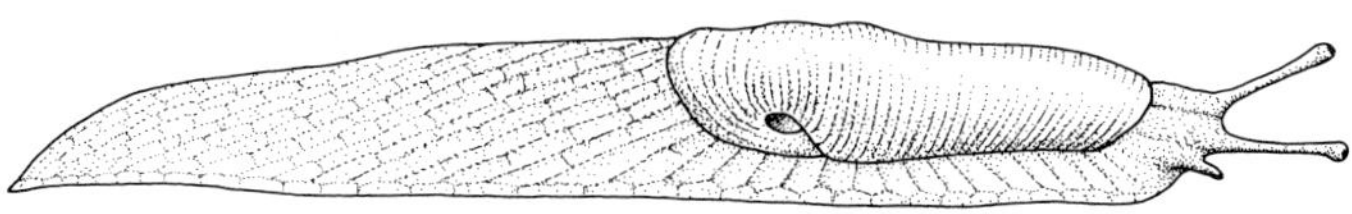

Familie Agriolimacidae, Ackerschnecken
Kleine bis mittelgroße (1,5 bis 5 cm Körperlänge) Arten, Mantel mit konzentrischen Runzeln, Atemöffnung im hinteren Drittel der rechten Mantelseite, Körperfärbung sehr variabel.
S. 234

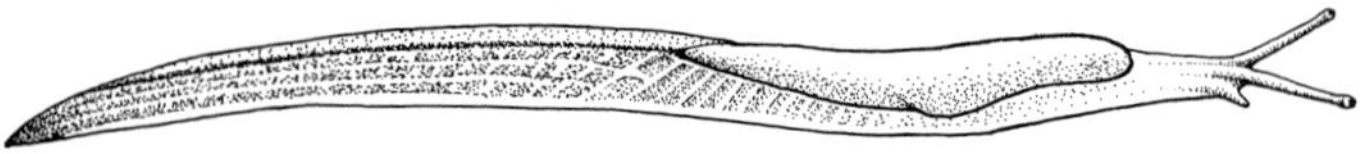

Familie Boettgerillidae, Wurmnacktschnecken
Körper im ausgestrecktem Zustand (3 bis 4 cm Länge), von langgestreckter, schmaler, wurmförmiger Gestalt und gräulicher Färbung, Atemloch ziemlich Mitte der rechten Mantelseite. **S. 246**

Familie Euconulidae, Kegelchen
Kleine kugelig-konisch geformte Gehäuse (2,3 bis 3,5 mm Breite), dünnwandig, glänzend und sehr zerbrechlich. **S. 248**

Familie Ferussaciidae, Bodenschnecken
Kleine Gehäuse (bis 5,5 mm Höhe), schwach gefärbt, glänzend und durchscheinend, leere Gehäuse werden opak. **S. 250**

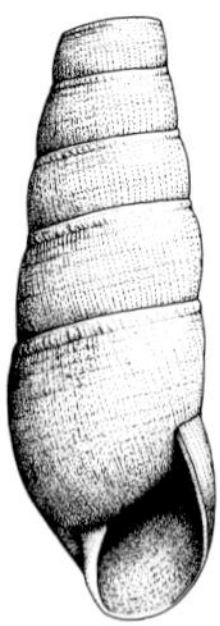

Familie Subulinidae
Eine Art wird behandelt. Charakteristisch bei größeren Gehäusen sind die abgebrochenen ersten Windungen, Abbruchstelle mit Gehäusematerial verschlossen. **S. 252**

Familie Clausilidae, Schließmundschnecken
Gehäuse mittelgroß (10 bis 18 mm Höhe), von spindel- oder keulenförmiger Gestalt, Oberfläche von glatt glänzend bis stumpf gerippt, Mündung mit verschiedengroßer Anzahl von Zähnen, bei einer Art sind keine Zähne vorhanden. **S. 253**

a

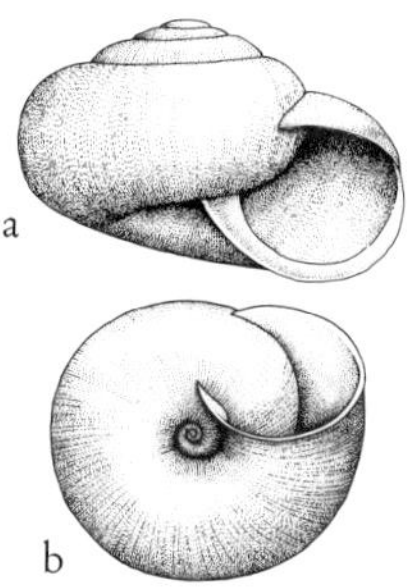

b

Familie Bradybaenidae, Strauchschnecken
Nur eine Art, Gehäuse groß (10 bis 19 mm x 13 bis 23 mm) kugelförmig mit rundlich-konischem Gewinde, Nabel leicht exzentrisch, offen und tief, Mündung kreisrund, Gehäuse durchscheinend weiß, gelblich, oder rötlichbraun gefärbt, gelegentlich mit einem rötlichen Band. **S. 294**

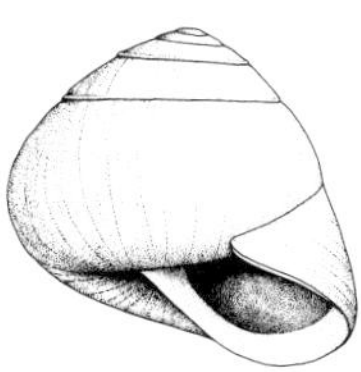

Familie Spincterochilidae
Gehäuse groß (12 bis 16 mm x 15 bis 22 mm) kugelförmig glatt, dickwandig und von weißer porzellanähnlicher Färbung, Nabel bedeckt, bei Jungtieren ist die Endwindung gekielt und der Nabel offen, eine mediterrane Art. **S. 298**

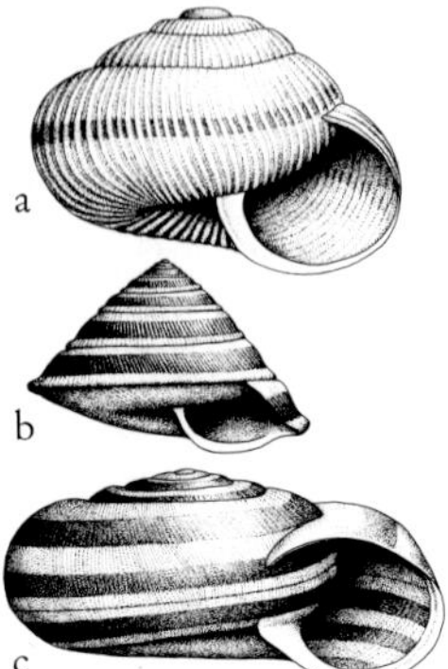

a

b

c

Familie Helicidae, Schnirkelschnecken Unterfamilie Helicellinae, Heideschnecken

Gehäuse dickwandig, klein, mittelgroß bis groß (5 bis 26 mm Breite) scheibenförmig, gedrückt-kugelig oder kegelförmig, auf heller Grundfärbung meist eine variable Fleckung und Bänderung.

S. 300

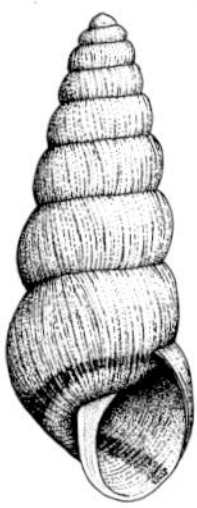

Familie Helicidae, Schnirkelschnecken Unterfamilie Cochlicellinae

Gehäuse mittelgroß (10 bis 20 max. 30 mm Höhe) schlank kegelförmig, Nabel sehr eng, auf weißlicher bis weißbrauner Grundfärbung und variabler dunkler Fleckung und Bänderung. **S. 332**

Familie Helicidae, Schnirkelschnecken Unterfamilie Monachinae

Gehäuse mittelgroß (6 bis 10 mm x 9 bis 17 mm) gedrückt kugelförmig, Gewinde flach kegelförmig, Nabel eng, Gehäusefärbung cremig-weiß und nur am Mundsaum eine gelbliche und eine rötlichbraune Farbbinde. **S. 334**

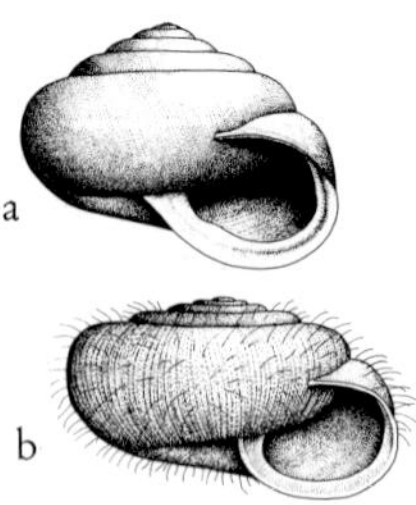

a

b

Familie Helicidae, Schnirkelschnecken Unterfamilie Hygromiinae, Laubschnecken

Gehäuse klein bis mittelgroß (5 bis 16 mm Breite) kugelförmig oder gedrückt kugelförmig, Färbung braun, einige Arten behaart. **S. 336**

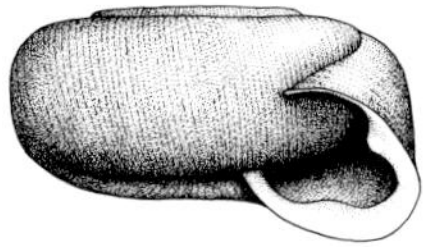

Familie Helicidae, Schnirkelschnecken Unterfamilie Helicodontinae
Gehäuse mittelgroß (5 bis 7 mm x 11 bis 15 mm) abgeflacht, Umgänge eng aufgewunden, Färbung braun, Jungtiere behaart, Nabel weit und tief, Mündung mit zahnartigen Erhebungen. **S. 354**

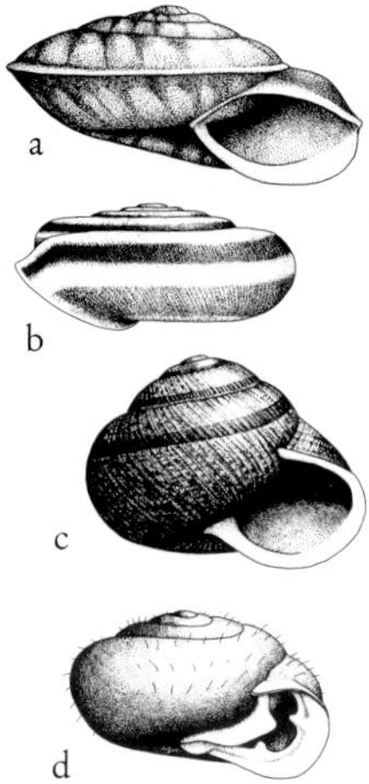

Familie Helicidae, Schnirkelschnecken Unterfamilie Ariantinae
Gehäuse mittelgroß bis groß, von unterschiedlicher (kugelförmig, gedrückt kugelförmig und abgeflacht) Gestalt, Oberfläche meistens glatt, einige auch behaart. **S. 356**

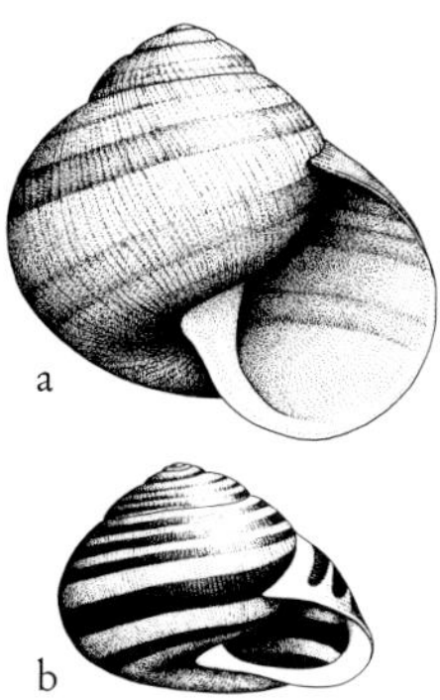

Familie Helicidae, Schnirkelschnecken Unterfamilie Helicinae
Gehäuse groß bis sehr groß (max. 50 mm Höhe x 50 mm Breite) kugelförmig oder gedrückt kugelförmig, ungenabelt (außer Theba pisana, Nabel eng), Färbung, Fleckung und Bänderung bei den Arten dieser Unterfamilie ausgesprochen variabel. **S. 372**

Anatomische Bestimmungshilfen für „kritische" Arten

Während die meisten der behandelten Schneckenarten nach äußeren Gehäuse- und Körpermerkmalen sicher zu bestimmen sind, trifft dies bei einigen Arten der Familien Arionidae, Zonitidae, Milacidae, Limacidae und Agriolimacidae nicht zu. Hier sind die innerhalb der Familie davon betroffenen Arten äußerlich sehr ähnlich oder in wichtigen Unterscheidungsmerkmalen so variabel, daß sie untereinander leicht verwechselt werden können und dadurch eine exakte Beurteilung der Artzugehörigkeit kaum möglich ist. Die einzige Möglichkeit eine Fehlbestimmung auszuschließen ist nur unter Beurteilung der inneren Geschlechtsorgane möglich, was jedoch ein Abtöten des Tieres mit anschließender Sektion zur Folge hat. Hierzu geeignet sind nur ausgewachsene (geschlechtsreife) Tiere, da nur bei ihnen die Organe voll ausgebildet sind. Da der interessierte Laie, für den dieses Buch in erster Linie konzipiert ist, in der Regel vor einem Abtöten der Tiere mit anschließender Sektion zurückschreckt, wurde auf eine Sektionsanleitung verzichtet. Diejenigen die sich intensiver mit den Mollusken beschäftigen möchten, verweise ich auf die einschlägige Literatur (siehe hierzu das Literaturverzeichnis).

Anatomische Bestimmungsmerkmale

Abkürzungen: A = Atrium, Ad = Anhangdrüsen, B = Bursa copulatrix, C = Corpus fusiformis, E = Epiphallus, F = Flagellum, O = Ovidukt, P = Penis, PAd = Penis-Anhangdrüsen, Pr = Penisrefraktor, St = Stimulator im Penisinneren, V = Vagina

Familie Arionidae, Wegschnecken

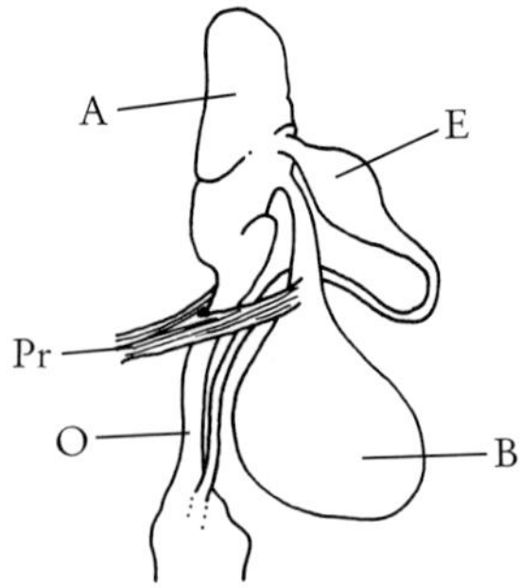

Arion ater ater

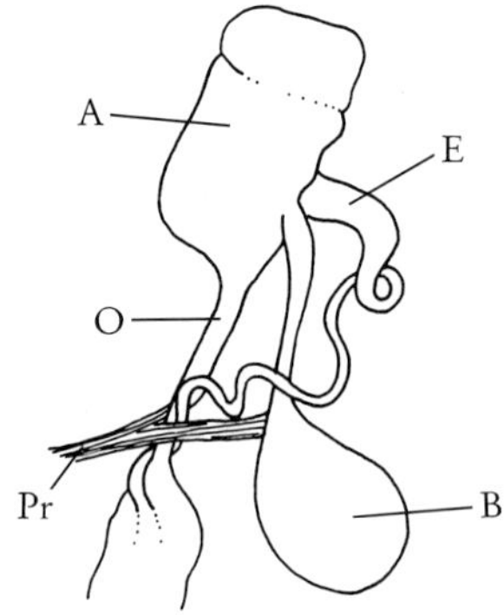

Arion ater rufa

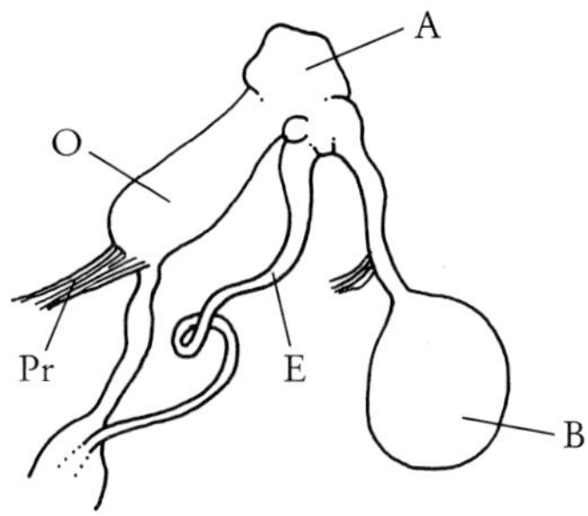

Arion lusitanicus

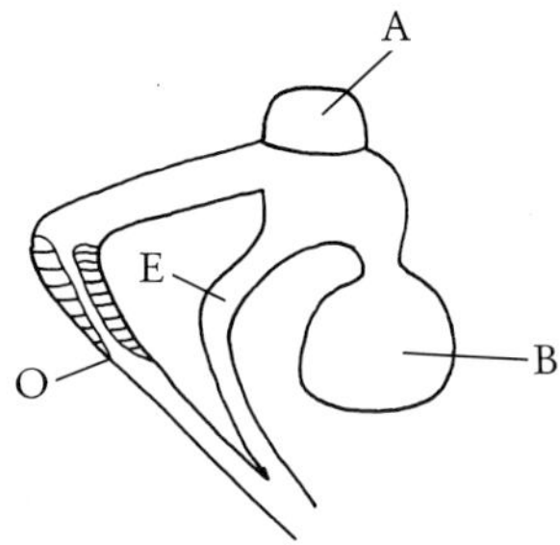

Arion hortensis

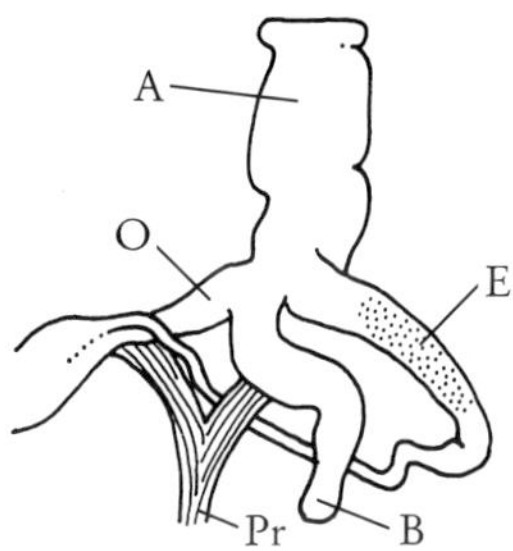

Arion circumscriptus

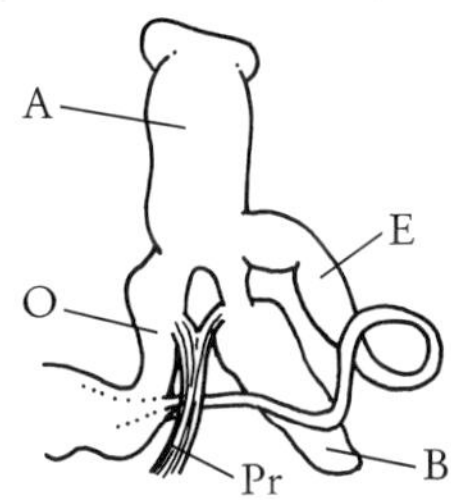

Arion silvaticus

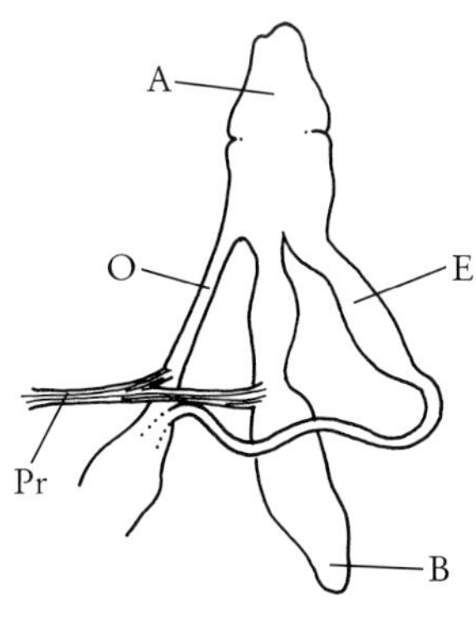

Arion fasciatus

Familie Zonitidae, Glanzschnecken

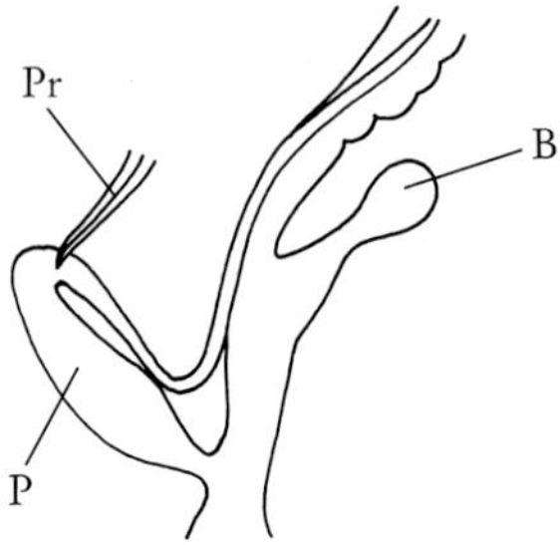

Aegopinella nitidula

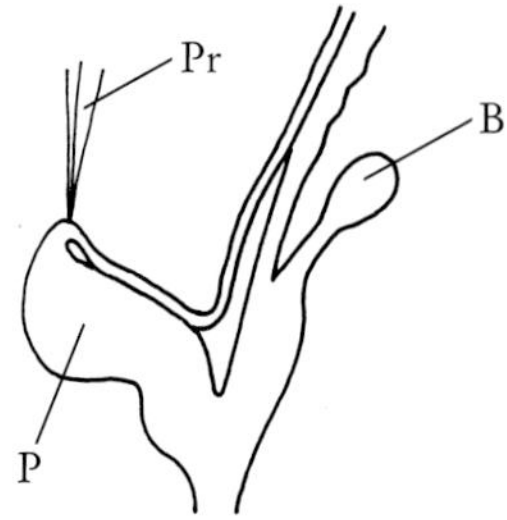

Aegopinella nitens

Familie Milacidae, Kielnacktschnecken

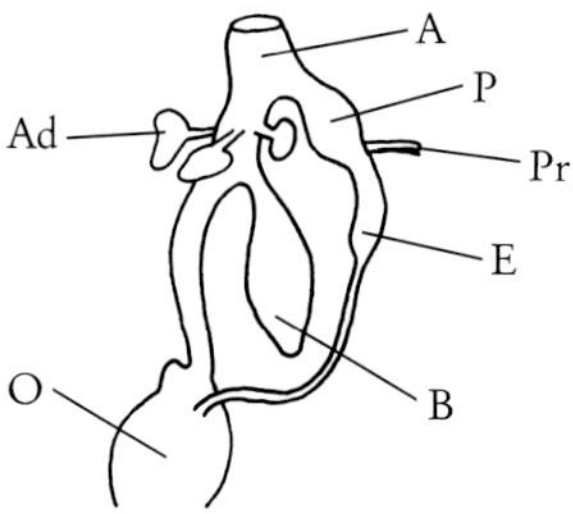

Tandonia rustica

Familie Limacidae, Schnegel

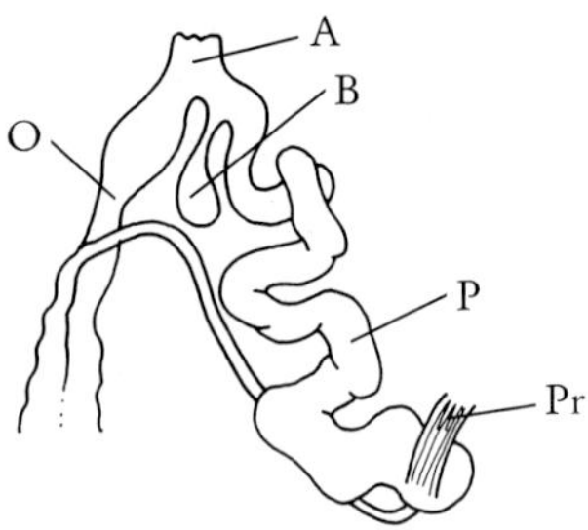

Limax maximus

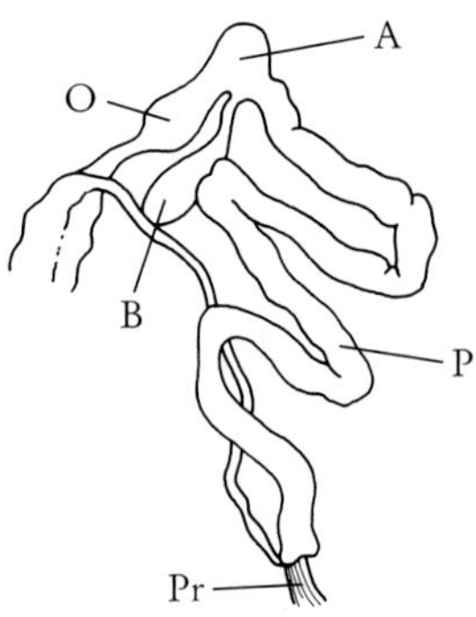

Limax cinereoniger

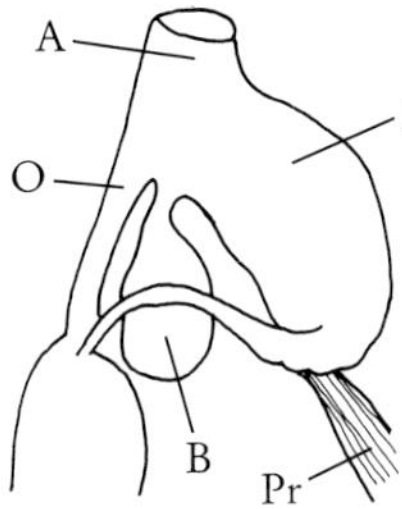

Malacolimax tenellus

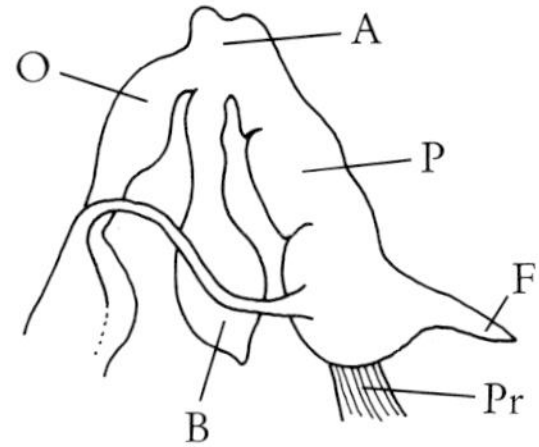

Lehmannia marginata

Familie Agriolimacidae, Ackerschnecken

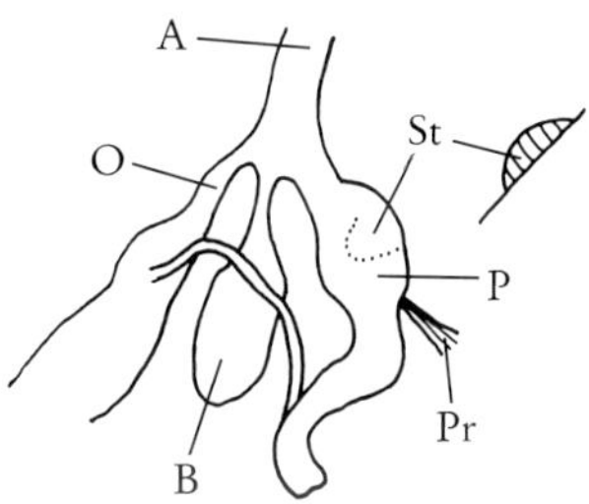

Deroceras laeve

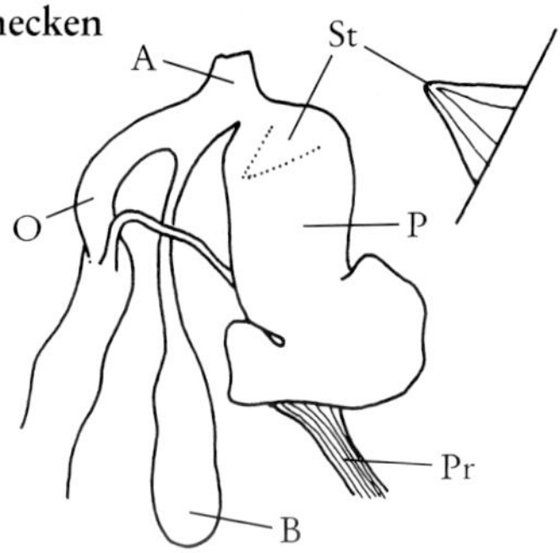

Deroceras sturanyi

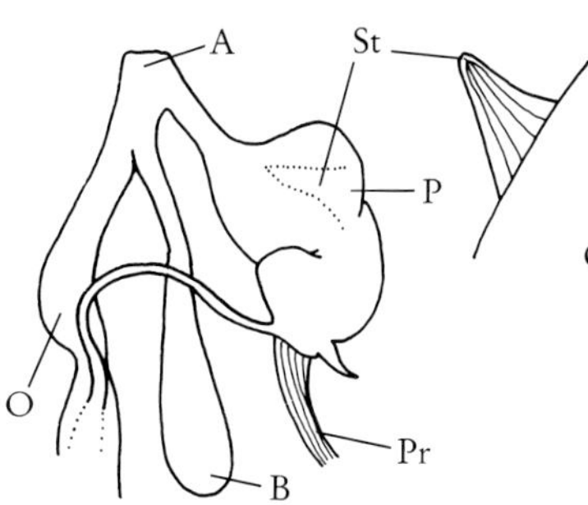

Deroceras agreste

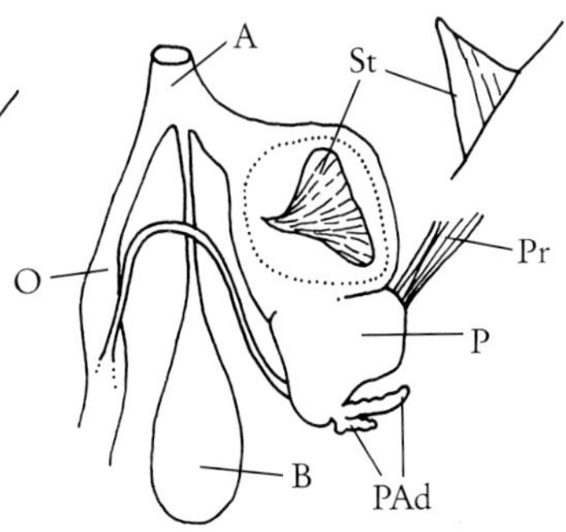

Deroceras reticulatum

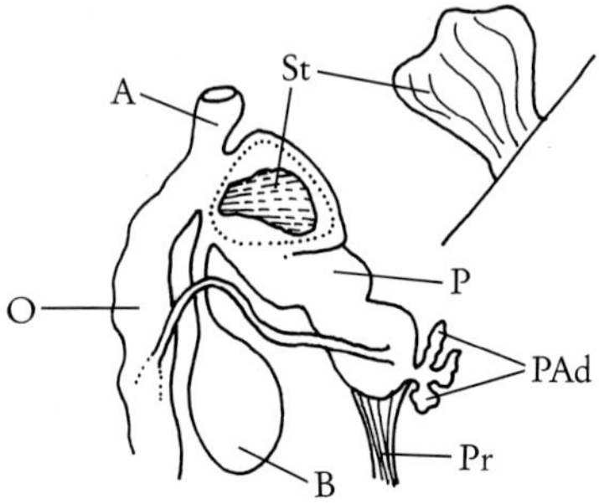

Deroceras rodnae

Familie Boettgerillidae, Wurmnacktschnecken

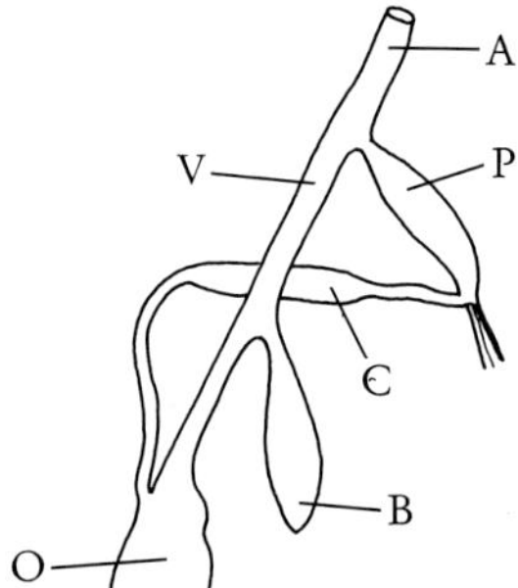

Boettgerilla pallens

Cernuella cespitum an Pflanze angeheftet, Bedoin am Mont Ventoux SF

Familie Cyclophoridae
Turmdeckelschnecken

Das Gehäuse der europäischen Turmdeckelschnecken-Gattung Cochlostoma ist von konischer Gestalt und in der Regel mit feinen Rippen auf der Gehäuseoberfläche versehen. Tief in der runden Mundöffnung zurückgezogen, liegt das oft aus 2 Schichten aufgebaute hornige Operculum (Deckel). Am Kopf des Tieres befinden sich ein schnauzenartiger kurzer Rüssel, an der Basis die konischen Fühler und auf kleinen Erhebungen die Augen.

4 **Cochlostoma septemspirale** (Razoumowsky, 1789)
Kleine Walddeckelschnecke

Verbreitungstyp: südeuropäisch.

Gehäusegröße: 7 bis 8 mm x 3,8 mm.

Beschreibung: Die 8½ stark gewölbten Umgänge des Gehäuses werden durch eine tiefe Naht voneinander getrennt. Auf der stark gerippten Gehäuseoberfläche befinden sich ca. 6 bis 8 Rippen pro mm. Die fast immer rundliche Mündung ist von einem starken weißen, nach außen umgebogenen, den Nabel teilweise bedeckenden Mundsaum umgeben. Durch eine leichte Einsenkung wird der Mundsaum, in einen äußeren und durch eine starke weißgefärbte Schmelzlippe gekennzeichneten inneren Teil getrennt. Der Nabelritz ist stichförmig, jedoch tief und deutlich sichtbar. Das menbranöse Operculum kann tief in das Gehäuse eingezogen werden.
Die Färbung des Gehäuses ist grauweiß bis schwach rötlichbraun und mit 3 Reihen spiralig angeordneten rotbraunen Flecken bedeckt. Die Körperfärbung ist gleichmäßig dunkelgrau bis schwarz.

Habitat: *C. septemspirale* lebt gern zwischen den Steinen von Geröllhalden, am Fuße von Felsen und Mauern, sowie unter dem Laub von Wäldern an schattigen feuchten aber auch trockenen exponierten kalkreichen Standorten. In den trockenen Lebensräumen halten sich die Tiere bevorzugt unter den länger die Feuchtigkeit haltenden größeren Steinen und Todholzstücken auf. Bei feuchtem Wetter besiedeln sie zahlreich die Felsen, steigen aber auch an Bäumen empor. Als Nahrung werden auf Steinen und Holz wachsende Algen und verrottende Pflanzenreste aufgenommen.

Cochlostoma septemspirale, Grenzacher Horn Bd-Wb
Cochlostoma septemspirale, Gehäuse

Verbreitung: *C. septemspirale* hat ihre Hauptverbreitung im mediterranen Raum, strahlt allerdings bis ins südliche Deutschland ein. Vorkommen im Oberrheingebiet, in den Kalkalpen von Südostbayern, im Donautal bei Regensburg und im Wutachgebiet des Schwarzwaldes. Ein isoliertes Vorkommen befindet sich am Rande des westlichen Odenwaldes bei Jugendheim an der nördlichen Bergstraße.

Cochlostoma henricae plumbeum
(Westerlund 1878)

Verbreitungstyp: südostalpin.

Gehäusegröße: 8 mm x 3,6 mm.

Beschreibung: Das insbesondere im Spitzenteil schlank getürmte Gehäuse besitzt 8⅔ bis 9 nur allmählich zunehmende Umgänge, die jedoch weniger stark als bei *C. septemspirale* gewölbt sind. Die oberen Umgänge sind gleichmäßig kräftig gerippt, dann schwächer und unregelmäßiger werdend, auf dem letzten Umgang befinden sich nur noch einzelne Streifen mit stellenweise glatten Zwischenräumen. Mit dem bloßen Auge erscheint das Gehäuse eher glatt. Die meist zu einem inneren Mundsaum entwickelte innere Mündungsverdickung ist auf der Mündungswand nicht immer geschlossen. Der Gaumen ist bräunlich gefärbt, der Nabelritz offen und gut zu sehen.
Das Gehäuse ist von blaßrötlich, graubrauner schwach glänzender Färbung oder auch zart blaugrau bereift.
Die Körperfarbe ist gleich der von *C. septemspirale*, außer den Fühlern, die sich durch eine gleichmäßig hellbraune Färbung vom Körper abheben.

Habitat: *C. henricae plumbeum* ist eine an Kalkfelsen gebundene Art die gegen Trockenheit sehr widerstandsfähig ist. Zieht sich bei trockener Witterung ein Teil der Population in Felsritzen zurück, so harren doch viele Tiere, auch bei Sonnenbestrahlung, an südexponierten Felsen aus.

Verbreitung: Nur in einem begrenzten Areal in Kärnten/Österreich.

Cochlostoma henricae plumbeum, Garnitzerklamm K.Ö
Cochlostoma henricae plumbeum, Gehäuse

Familie Pomatiasidae
Landdeckelschnecken

Die Gattung Pomatias hat als wärmeliebende Art eine circum-mediterrane Verbreitung. Sie dringt mit einer Art (*Pomatias elegans*) von Westen nach Osten unter Bildung von verschiedenen isolierten Standorten bis nach Mitteldeutschland ein. Das durch eine markante Skulptur gekennzeichnete Gehäuse wird durch ein mit Kalkeinlagerung verstärktem Operculum dicht verschlossen. Charakteristisch für die Gattung ist die durch eine tiefe Furche in zwei Längshälften geteilte Kriechsohle. Beide Längshälften werden beim Kriechen unabhängig voneinander bewegt, was beim Überkriechen einer Glasscheibe deutlich als langsam schreitende Fortbewegung zu sehen ist. Die Tiere sind getrenntgeschlechtlich, was sich gelegentlich durch einen schwachen Gehäusedimorphismus bemerkbar macht, so sind Gehäuse von weiblichen Tieren etwas größer als die der männlichen. Der Kopf ist rüsselartig verlängert. Die Augen sitzen außen an der Basis der zylindrischen Fühler.

4 **Pomatias elegans** (O. F. Müller, 1774) **Schöne Landdeckelschnecke**

(= **Cyclostoma elegans** [Müller])

Verbreitungstyp: mediterran-westeuropäisch.

Gehäusegröße: 13 bis 16 mm x 9 bis 11,5 mm.

Beschreibung: Das konische dickwandige Gehäuse mit 4½ bis 5 gerundeten Umgängen, ist bis auf das, die ersten zwei Umgänge bildende glatte Embryonalgehäuse von einer gitterartigen Struktur bedeckt. Die Längsstreifen dieser Struktur sind wesentlich breiter als die Querstreifen. Der Mundsaum ist einfach, die Mündung fast kreisrund und nur an der Spindelseite abgeflacht. Das dicke verkalkte Operculum ist gekennzeichnet durch eine wirbelartige Struktur auf der Außenseite, in dessen Zentrum sich ein graublau gefärbter Fleck befindet.
Die Gehäusefärbung ist sehr variabel. Die Grundfärbung kann einheitlich grauweiß, gelblichweiß und fleischfarben sein, oder mit 3 braunvioletten, verschiedengeformten Fleckenbändern bedeckt sein. Das Tier selbst ist graubräunlich, bis blaugrau. Der Rüssel oft mit dunkler Querbänderung und das Ende der Fühler dunkel abgesetzt.

Pomatia elegans, Schartenberg bei Zierenberg NH
Pomatia elegans, Gehäuse

Habitat: *P. elegans* kommt nur auf stark kalkhaltigen, warmen lockeren Böden vor. Besiedelt werden lichte Wälder, Waldränder, Hecken und Gebüsche mit entsprechender Todlaubschicht.

Biologie: *P. elegans* ist eine wärmeliebende Art, die sich an günstigen Orten zu kopfstarken Populationen entwickeln kann. Zum Beispiel: Schartenberg bei Zierenberg Kreis Kassel, bis zu 30 Exp./m^2, Badberg im Kaiserstuhl 30 bis 40 Exp./m^2, Jugendheim an der Bergstraße ca. 80 Exp./m^2 und in den trockenen gebüschbestandenen Seitenstreifen eines Wassergrabens bei Lex Baux in Südfrankreich fand ich bis zu 100 Exp./m^2.

Kopulationen finden bei den getrenntgeschlechtlichen Tieren vom Frühjahr bis in den Herbst statt. Die kugeligen Eier von 2 mm Durchmesser werden einzeln zerstreut im lockeren Erdreich abgelegt. Die frischgelegten Eier sind von einer Schleimhülle umgeben, an der Erdkrümel und andere Partikel der Umgebung festhaften, was ein Erkennen erschwert. Das Auftreten einer großen Zahl von 2 mm großen Jungschnecken im Frühjahr, läßt auf eine Überwinterung der Eier schließen. Als Nahrung werden abgestorbene Blätter (z. B. Buchenlaub) und vermoderndes Holz aufgenommen. Werden Blätter befressen so bleiben die Blattrippen stets erhalten. *P. elegans* erreicht ein Alter von 4 bis 5 Jahren.

Verbreitung: Die Verbreitung erstreckt sich über Frankreich, die Westschweiz, Deutschland, Belgien, Südniederlande und Südengland, außerdem etwas abseits ein Vorkommen auf den Inseln Seeland und Fünen in Dänemark. In Deutschland ist sie verbreitet entlang des oberen und mittleren Rheintals, sowie teilweise isolierte Standorte in Mitteldeutschland bis nach Thüringen.

Ansammlung von *Pomatia elegans,* Schartenberg bei Zierenberg NH

Familie Aciculiada
Nadelschnecken

Die Gehäuse dieser Arten sind alle glänzend glatt oder mit eingesenkten Querlinien versehen und ziemlich einheitlich von zylindrisch-turmförmiger Gestalt. Sie sind zwischen 1,5 bis 6 mm groß und besitzen einen stumpfen Apex. Die Gehäuseöffnung wird durch ein tief in das Gehäuse zurückziehbares dünnes horniges Operculum verschlossen. Die Mündung ist bei fast allen Arten durch einen mehr oder weniger stark ausgeprägten Nackenwulst gekennzeichnet. Der Körper der Schnecke ist im Verhältnis zum Gehäuse klein, schlank und hell durchscheinend gefärbt. Der weit vorstreckbare Schnauzenteil ist vorn etwas eingebuchtet und macht eher einen abgestumpften, als rüsselartigen Eindruck. Die Augen sitzen an der Basis der langen fadenförmigen Fühler.

3 **Acicula lineata** (Draparnaud, 1801) **Gestreifte Nadelschnecke**

(= **Acme sublineata** Andreae)

Verbreitungstyp: alpin.

Gehäusegröße: 3 bis 3,5 mm x 1,1 bis 1,2 mm.

Beschreibung: Die 6 bis 6½ sich allmählich verjüngenden Umgänge geben dem Gehäuse ein konisches Aussehen. In der glatten hochglänzenden Oberfläche befinden sich weitläufig und in unregelmäßigen Abständen angeordnete, eingesenkte Querlinien. Die ziemlich feste Gehäusewand ist durchsichtig und blaßgelblichrot bis rotbraun gefärbt. Außenrand der Mündung von der Seite gesehen bogig vorgezogen. Nackenwulst meist kräftig ausgebildet, jedoch nicht scharf begrenzt. Die Mündung ist schief birnenförmig gestaltet, der Mundsaum innen lippig verstärkt.

Habitat: *A. lineata* lebt in aufgelockerten Wäldern bevorzugt unter Steinen und Geröll, und unter feuchtem totem Holz.

Verbreitung: Die Hauptverbreitung liegt im Bereich der Kalkalpen von Frankreich über die Schweiz nach Österreich. In Deutschland kommt *A. lineata* in den Bayerischen Alpen und verstreut in Süddeutschland vor.

Acicula lineata, Hermagor K.Ö
Acicula lineata, Gehäuse

Acicula polita (Hartmann 1840) **Glatte Nadelschnecke**

(= **Acme polita** Hartmann = **A. oedogyra** Paladihle = **A. fusca** [Bielz])

Verbreitungstyp: alpin europäisch.

Gehäusegröße: 22,6 bis 3,4 mm x 1,05 bis 1,25 mm.

Beschreibung: Das Gehäuse ist von zylindrisch-turmförmiger Gestalt mit 5½ bis 6½ Umgängen, die sich von der Basis aus erst allmählich, dann etwas stärker verjüngen. Die Umgänge sind flach gewölbt und werden von einer rinnigen tiefen Naht getrennt. Das durchsichtige festwandige Gehäuse, ist glatt und beim lebenden Tier satt hochglänzend rotbraun gefärbt. Leere Gehäuse bekommen unter Einwirkung von Feuchtigkeit schon nach kurzer Zeit ein milchigweißes Aussehen. Die Mündung ist birnenförmig, der Mundsaum innen schwach lippig verstärkt und außen mit einem kräftigen nach hinten steil abgeböschten glatten Nackenwulst besetzt. Der Körper des Tieres ist wie bei *A. lineata* hell durchscheinend, doch die Fühler sind dunkelgrau bis fast schwarz, so daß sie bei dem in das Gehäuse zurückgezogenen Tier als dunkle Flecke durchscheinen.

Habitat: Im Gegensatz zu *A. lineata* etwas feuchtere Standorte. Dort unter Laub, Moos und totem Holz, gern auch im feuchten lockeren Schutt am Fuße von Felsen. Am besten durch Sieben von Bodenproben zu finden.

Verbreitung: Die Hauptverbreitung liegt in der Schweiz, Österreich, Deutschland, Tschechoslowakei und Polen. In Deutschland ist *A. polita* in Süd- und Mitteldeutschland allgemein verbreitet, in Norddeutschland nur vereinzelt.

Acicula polita, Kassel NH
Acicula polita, Gehäuse

Familie Ellobiidae
Küstenschnecken

Die Vertreter dieser Familie besitzen ein spindelförmiges, nach oben sich verjüngendes Gehäuse. Der Mundsaum ist lippig verstärkt und enthält Zähne und Spiralfalten. Die Ellobiidae sind weltweit, jedoch vorwiegend in den wärmeren Gebieten verbreitet. Sie bewohnen aquatische Lebensräume, entlang der Meeresküsten, mit Ausnahme weniger Arten wie die hier behandelte Art *Carychium,* die in feuchten, terrestrischen Lebensräumen zu finden ist.

Carychium minimum O. F. Müller, 1774
Bauchige Zwergschnecke

Verbreitungstyp: eurosibirisch.

Gehäusegröße: 1,6 bis 2,2 mm x 0,9 bis 1,1 mm.

Beschreibung: Das spindelförmige Gehäuse mit 4½ leicht gebogenen Umgängen ist von relativ breiter, bauchiger Gestalt. Die Mündung liegt schräg, der Mundsaum ist durch eine Lippe verstärkt und nach außen leicht zurückgeschlagen. Auf der Außenlippe sitzt ein niedriger, breiter Zahn, auf der Innenlippe eine Columellar- und eine Parietallamelle. Die Parietallamelle setzt sich in das Gehäuseinnere fort und ist bei frischen, durchsichtigen Gehäusen auf der linken Seite der Spindel liegend, mit einfacher s-förmiger Kontur gut zu erkennen. Form und Gestalt der auf der Spindel verlaufenden Parietallamelle sind wichtige Unterscheidungsmerkmale für die beiden *Carychium*-Arten, da die Gehäuseaußenmaße individuell oder standortbedingt von der typischen Form abweichen können, zumal auch Mischpopulationen beider Arten vorkommen. Durch vorsichtiges Herausbrechen der Gehäusewand, kann die Sicht auf die innen verlaufenden Lamellen freigelegt werden. Der Körper ist weißlich durchscheinend. An der Basis der konischen Fühler sitzen die dunklen Augen. Die unteren Fühler sind nur angedeutet.

Habitat: *C. minimum* bewohnt in der Ebene, bis in die niedrigen Gebirgslagen bevorzugt nasse Lebensräume wie Sümpfe, Feuchtwiesen, Auwälder und die Uferbereiche von Gewässern. Sie hält sich gern unter feuchtem Laub, morschem Holz und zwischen Sumpfpflanzen auf.

Verbreitung: *C. minimum* ist in ganz Mitteleuropa verbreitet.

Carychium minimum, Kassel NH
Carychium minimum, Gehäuse

Carychium tridentatum (Risso, 1826)
Schlanke Zwergschnecke

(= **Carychium minimum** var. **tridentatum** [Risso])

Verbreitungstyp: europäisch.

Gehäusegröße: 1,8 bis 2,3 mm x 0,8 bis 0,9 mm.

Beschreibung: Das Gehäuse von *C. tridentatum* ist höher, schlanker und konischer als bei *C. minimum.* Außerdem sind auch die 5 bis 5½ Umgänge etwas stärker gebogen. Auf der Gehäuseoberfläche sind feine regelmäßige Zuwachsstreifen (mit starker Lupe) zu erkennen, zuweilen erscheint das Gehäuse auch glatt. Frische Gehäuse sind farblos und durchscheinend. Der Mundsaum gleicht dem von *C. minimum,* jedoch sind Lippe und Lamellen stärker ausgeprägt.

Habitat: Diese wohl häufigste Kleinschnecke ist in fast allen Lebensräumen anzutreffen. Auch sie siedelt gern in den feuchten Schichten des Fallaubes, findet sich aber im Gegensatz zu *C. minimum* jedoch auch an trockeneren Standorten, z. B.: spärlich bewachsenen Magerrasen auf Geröll- und Schuttuntergrund. Bei Trockenheit ziehen sich die Tiere zwischen feuchte Spalten und Ritzen zurück und kommen erst bei feuchtem Wetter wieder zum Vorschein. Am schnellsten findet man diese kleine Schnecke durch Sieben von Bodenproben, worin sie oft sehr zahlreich enthalten ist.

Biologie: Obwohl *Carychium* zu den Zwittern gehört findet eine einseitige Begattung statt. Die männliche Geschlechtsöffnung befindet sich rechts am Kopf vor den Fühlern und die weibliche unter dem Mantelrand. Die transparenten ovoid geformten Eier von 0,41 x 0,32 mm Größe, werden in der Regel einzeln im Mulm abgelegt. Insgesamt werden in der Hauptlegezeit (Mai und Juni) nur 5 bis 6 Eier gelegt.

Verbreitung: *C. tridentatum* ist in ganz Mitteleuropa verbreitet.

Carychium tridentatum, Kassel NH
Carychium tridentatum, Gehäuse

Familie Succineidae
Bernsteinschnecken

Die meisten Vertreter dieser Familie sind stark ans Wasser gebunden und leben bis auf *Succinea oblonga* ausschließlich in entsprechenden Lebensräumen. Z. B.: Uferbereiche von Gewässern aller Art, Sümpfe, Moore, Feuchtwiesen, Wassergräben. Einige Arten haben zeitweise eine amphibische Lebensweise. Das Gehäuse der Bernsteinschnecken ist durchscheinend-dünnwandig, glatt glänzend oder fein gestreift und hat nach anfänglich kurzem Gewinde einen relativ großen letzten Umgang, mit großer Mündung. Der Mundsaum ist dünn und sehr zerbrechlich und nur bei ausgewachsenen Exemplaren etwas stabiler. Die Färbung der leeren Schale ist grüngelblich bis mattbraun oder bernsteinfarben. Beim lebenden Tier wird die Färbung durch die durchscheinende mehr oder weniger starke Pigmentierung des Körpers verändert. Bei feuchtem Wetter ist der Körper stark wasserhaltig und kann nicht vollständig in das Gehäuse zurückgezogen werden. Erst bei Trokkenheit reduziert sich das Körpervolumen durch Verdunstung so weit, daß sich die Schnecke wieder vollends zurückziehen kann, um dann das Gehäuse mit einem Häutchen zu verschließen.

Bei 2 Arten (*Succinea putris, Oxyloma elegans*) werden gelegentlich, die in den inneren Organen schmarotzenden Larvenstadien eines Saugwurmes (*Distomum macrostomum*) beobachtet. Der Entwicklungskreislauf des Saugwurmes sieht folgendermaßen aus.

a) Der geschlechtsreife Wurm lebt in der Kloake eines Singvogels. Mit dem Vogelkot werden die Wurmeier ausgeschieden.
b) Die Wurmeier werden von der Bernsteinschnecke mit der Nahrung aufgenommen und gelangen in den Magen.
c) Hier schlüpft das bewimperte 1. Larvenstadium, welches sich durch die Darmwand in die inneren Organe hineinbohrt.
d) Die Wimpern fallen ab und es entsteht das 2. Larvenstadium.
e) Durch Ausbildung von mehreren Keimschläuchen, bildet sich dann das 3. Larvenstadium.
f) Diese Keimschläuche dringen in die Fühler der Schnecke ein und erweitern sie sehr. Nun führen die grünlich gefärbten, hell geringelten und am vorderen Ende schwarz gepunkteten Keimschläuche pulsierende Bewegungen aus, so daß Vögel auf ihn aufmerksam werden, nach dem Fühler picken und den Keimschlauch herausreißen und verschlucken. Im Magen zerfällt der Schlauch und die Saugwürmer entwickeln sich bis zur Geschlechtsreife; der Kreislauf ist geschlossen.

Succinea putris mit Saugwurm (*Distomum macrostomum*) in den Fühlern, NSG Rhäden von Obersuhl, NH

Succinea putris u. *Oxyloma elegans* an Seggenblatt, Kassel NH

Succinea oblonga (Draparnaud, 1801)
Kleine Bernsteinschnecke

Verbreitungstyp: europäisch-westasiatisch.

Gehäusegröße: 5,8 bis 7,5 mm x 3,0 bis 4,5 mm.

Beschreibung: Die 3¾ bauchigen Umgänge sind durch eine tiefe Naht voneinander getrennt und damit im Gegensatz zu den beiden folgenden Arten in den ersten Umgängen deutlicher ausgeprägt. Der letzte Umgang ist stark erweitert, bauchig aufgeblasen. Die Mündung ist von spitzeiförmiger Gestalt und die Gehäusefärbung grünlichweiß, oder hellbraun bis rotbernsteinfarben. Oft ist die unregelmäßig gestreifte, nicht glänzende Gehäuseoberfläche von einer Kot- und Erdkruste bedeckt.

Habitat: Die Lebensräume von *S. oblonga* sind feuchte, jedoch spärlich bewachsene Standorte, z. B.: die Überschwemmungszonen der Flüsse, Verlandungszonen der Seen, vegetationsarme Sümpfe und trokkene Schlammflächen. Im Gegensatz zu den anderen Arten werden aber auch Lebensräume fernab vom Wasser besiedelt. Hier kommen Hecken, Gebüsche, Raine oder lichte Laubwälder, wie am Spitzberg bei Tübingen (G. SCHMIDT 1966), in Frage.

Biologie: Zwischen Mai und August findet die Begattung und Eiablage statt. Der Durchmesser der Eier beträgt 0,5 mm. Die geschlüpften Jungtiere überwintern im halberwachsenen Zustand und erreichen ein Lebensalter von ca. 1½ bis 1¾ Jahre. Als Nahrung werden von *S. oblonga* Grünalgen, aber auch faulende Pflanzenteile aufgenommen.

Verbreitung: In Mitteleuropa allgemein mäßig häufig verbreitet. In Großbritannien und Südskandinavien mit nur lokaler Verbreitung vorkommend.

Succinea oblonga, Neusiedler See Ö
Succinea oblonga, Gehäuse

Succinea putris (Linnaeus, 1758)
Gemeine Bernsteinschnecke

Verbreitungstyp: eurosibirisch.

Gehäusegröße: 16 bis 22 mm x 8 bis 12 mm, selten bis 24 mm Höhe.

Beschreibung: Die 3 bis 3¾ seltener auch 4 sich rasch erweiternden Umgänge, werden von einer schwachen Naht getrennt. Der bauchige letzte Umgang fällt von der Seite gesehen im steilen Bogen zum unteren Mündungsrand ab. Die Mündung ist rundeiförmig und läuft oben, wo der Mündungsaußenrand auf die Spindel stößt sehr spitz zusammen. Der Mundsaum ist gerade und scharfkantig und nur an der Spindel leicht verdickt. Das dünnwandige, zerbrechliche Gehäuse ist durchscheinend, mattgrünlichgelb oder glänzend bernsteinfarben und besitzt auf der Gehäuseoberfläche ziemlich unregelmäßige Zuwachsstreifen, die meist nicht deutlich zu sehen sind. Neben der normalerweise gelblichgrauen Körperfärbung, treten auch dunkelgraue bis fast schwarze Exemplare auf.

Habitat: *S. putris* lebt oft an Hochstauden-Pflanzen entlang von Fließgewässern oder im Schilf der Verlandungszonen von stehenden Gewässern. Außerdem werden auch Moore, Sümpfe, Auwälder und Feuchtwiesen bewohnt.

Biologie: Begattung und Eiablage finden zwischen Mai und August statt. Die Eier werden auf den Boden oder auf faulendes Pflanzenmaterial über dem Boden abgelegt. Das gallertartige Gelege enthält 50 bis 70 kugelrunde Eier von 1,0 bis 1,9 mm Durchmesser. Je nach Witterung schlüpfen die jungen Schnecken zwischen 11 bis 21 Tagen aus. Während der Legeperiode werden mehrere Gelege gefertigt. *S. putris* ernährt sich von verrotteten und frischen Pflanzenteilen.
Zur Winterruhe verkriecht sie sich im Bodenmulm zwischen feuchten, vermodernden Pflanzen und verschließt das Gehäuse mit einem dünnen Epiphragma.

Verbreitung: In ganz Europa allgemein verbreitet.

Succinea putris, Kassel NH
Succinea putris, Gehäuse

Oxyloma elegans (Risso, 1826)
Schlanke Bernsteinschnecke

(= **Succinea pfeifferi** Rossmässler = **S. elegans** verschiedener Autoren)

Verbreitungstyp: holarktisch.

Gehäusegröße: 9 bis 12 mm selten bis 20 mm.

Beschreibung: Die 2½ bis 3 rasch anwachsenden gelblichen bis bernsteinfarbenen transparenten Umgänge geben dem Gehäuse ein schlank-eiförmiges Aussehen. Die Gehäusewand ist dünnwandig aber fest und auf der Oberfläche durch zahlreiche unregelmäßige Zuwachsstreifen gekennzeichnet. Von der Seite gesehen fällt der letzte Umgang (im Gegensatz zu *S. putris*) im flachen Radius allmählich zum Mündungsrand ab. Die Mündung nimmt ⅔ der Höhe ein und ist von spitzeiförmiger, schlanker Gestalt. Der Körper ist meist dunkel pigmentiert, wobei auch hellere Farbvarianten auftreten. Diese Art ist sehr variabel und weicht oft von der charakteristischen Form ab und ist dann nur anatomisch sicher gegenüber *S. Putris* abzugrenzen.

Habitat: Lebt besonders an nassen Standorten, in Mooren, Sümpfen, an den Ufern von Fließgewässern oder an im Wasser stehendem Schilf von Teichen und Seen.

Biologie: *O. elegans* ist stärker als *S. putris* an das Wasser gebunden und besiedelt die im Wasser stehenden Pflanzen. Begattung und Eiablage finden im selben Zeitraum (Mai bis August) wie bei *S. putris* statt. Die Gelegegröße schwankt je nach Alter des Tieres zwischen 10 bis 150 Stück. Die Eier haben einen Durchmesser von 0,6 bis 1,1 mm. Bevorzugt werden sie an dicht über dem Wasserspiegel herausstehende Pflanzenteile angeheftet. Die Jungschnecken schlüpfen nach ca. 8 bis 16 Tagen und erreichen ein Lebensalter von 2½ Jahren. Das Nahrungsspektrum gleicht dem von *S. putris* bei einer Bevorzugung von verrottenden Pflanzenteilen.

Verbreitung: *O. elegans* kommt in ganz Europa vor.

Oxyloma elegans, Hess. Lichtenau NH
Oxyloma elegans, typisch flaches Gehäuse, Kassel NH
Oxyloma elegans, Gehäuse

Familie Cochlicopidae
Achatschnecken

Charakteristisch sind bei dieser Familie die glatten, durchscheinenden, spindel- oder verlängert eiförmigen, teilweise hochglänzenden und nabellosen Gehäuse. Die Mündung ist schief birnenförmig, der Mundsaum verdickt und abgerundet.

Azeca goodalli (Ferussac, 1821) Bezahnte Achatschnecke

(= **A. menkeana** [Pfeiffer] = **A. tridens** [Pultney])

Verbreitungstyp: westeuropäisch.

Gehäusegröße: 5,3 bis 6,8 mm x 2,4 bis 2,7 mm.

Beschreibung: Das Gehäuse ist von bauchigspindelförmiger Gestalt mit 6½ bis 7 flachen Umgängen, die von einer seichten oft rinnenförmig erscheinenden Naht getrennt werden. Die Gehäusefarbe ist gelblich bis rötlichbraun, stark glänzend und durchscheinend. Ist die Schnecke ins Gehäuse zurückgezogen, so erscheinen die letzten Umgänge durch die Körperfärbung dunkel. Die schiefliegende birnenförmige Mündung ist durch 6 charakteristische Zähne und Falten (1 palatal, 2 parietal, 2 columellar) gekennzeichnet. Der Mundsaum ist lippig verstärkt, leicht nach innen gebogen umzieht er die ganze Mündung.

Habitat: *A. goodalli* lebt gern unter dem feuchten toten Laub der Wälder und Gebüsche, besonders dort wo eine reichhaltige bodendekkende Pflanzengesellschaft eine hohe Luftfeuchtigkeit von 80 bis 90 % gewährleistet. An solchen Örtlichkeiten sitzt die Schnecke gern an der Unterseite von feuchten Steinen und Todholzstücken oft zu mehreren angeheftet.

Verbreitung: Die Verbreitung erstreckt sich von England, Frankreich über Südbelgien nach Mitteldeutschland einstrahlend bis nach Thüringen. Keine zusammenhängende Verbreitung, sondern meist nur einzelne isolierte Fundorte.

Azeca goodalli, Schafstein in der Rhön, OH
Azeca goodalli, Gehäuse

Cochlicopa lubrica (O. F. Müller, 1774)
Gemeine Achatschnecke

Verbreitungstyp: holarktisch.

Gehäusegröße: 5 bis 7,5 mm x 2,4 bis 2,9 mm.

Beschreibung: Das durchsichtige Gehäuse von *C. lubrica* ist von konisch-langgezogener eiförmiger Gestalt, mit 5½ leicht gewölbten Umgängen und stumpfem Apex. Die glatt erscheinende hochglänzende Gehäuseoberfläche ist sehr schwach und kaum wahrnehmbar gestreift und dunkel hornfarben bis rötlichbraun gefärbt. Ein Nabel ist nicht vorhanden. Die Mündung ist von annähernd eiförmiger Gestalt, der Mundsaum stumpf, nicht erweitert und innen mit einer kräftigen hellen Lippe belegt die nach außen oft gelblich oder rötlich durchscheint.

Habitat: *C. lubrica* ist eine feuchtigkeitsliebende Art, die sich gern unter dem Gras und Moos der Wiesen, unter Steinen, feuchtem Laub und totem Holz in Wäldern und in sumpfigen Bereichen aufhält. Im Kulturgelände ist sie gelegentlich auch unter dem Boden aufliegenden Brettern zu finden. Sehr zahlreich können die Leerschalen dieser Art auch oft in Bach- und Flußgenisten gefunden werden.

Verbreitung: In Europa allgemein verbreitet.

Cochlicopa lubricella (Porro 1838)
Kleine Achatschnecke

(= **C. lubrica** var. **lubricella** [Porro] = **C. minima** [Siemaschko])

Verbreitungstyp: holarktisch.

Gehäusegröße: 4,5 bis 6,8 mm x 2,1 bis 2,5 mm.

Beschreibung: Diese früher als Unterart geführte Art ist nicht ganz leicht von der vorangegangenen zu unterscheiden. Das durchscheinende, matter gefärbte und weniger glänzende Gehäuse ist in der äußeren Form dieser sehr ähnlich, jedoch kleiner, schlanker und mehr zylindrisch geformt. Es besitzt 5½ schwach gewölbte Umgänge, die durch eine flache Naht getrennt werden.

Habitat: *C. lubricella* kommt gelegentlich mit *C. lubrica* vergesellschaftet vor, bevorzugt jedoch in der Regel trockenere kalkhaltige Standorte und besiedelt Wiesen, Geröll, exponierte Felsen und Kalkmagerrasen.

Verbreitung: In Europa allgemein verbreitet, jedoch lokal vorkommend und nur im nördlichen Skandinavien fehlend.

Cochlicopa lubrica, Kassel NH
Cochlicopa lubricella, Sontra NH

Cochlicopa nitens (Gallenstein 1848)
Glänzende Achatschnecke

Verbreitungstyp: mittel und osteuropäisch.

Gehäusegröße: 6,2 bis 7,5 mm x 2,8 bis 2,3 mm.

Beschreibung: Auch dieses Gehäuse ist dem von *C. lubrica* sehr ähnlich. Es unterscheidet sich von diesem dadurch, daß es in der Gestalt etwas größer und breiter ist, die Umgänge stärker gewölbt sind und von einer deutlicheren Naht getrennt werden. Auch der Apex ist etwas spitzer ausgebildet. Die Gehäusefärbung des sehr durchsichtigen und stark glänzenden Gehäuses ist rötlichbraun.

Habitat: Die seltene *C. nitens* bewohnt sehr feuchte kalkhaltige Standorte. Sie ist in Mooren, Sümpfen und feuchten Wäldern zu finden.

Verbreitung: Es sind nur wenige isolierte Fundorte in der Schweiz, Österreich, Deutschland, der Tschechoslowakei, Polen, Ungarn, Dänemark und Schweden bekannt.

r.o.: *Cochlicopa nitens,* Garnitzenklamm K.Ö
r.l.u.: *Cochlicopa lubrica,* Gehäuse
r.M.u.: *Cochlicopa lubricella,* Gehäuse
r.r.u.: *Cochlicopa nitens,* Gehäuse
u.: *Cochlicopa lubrica* nach Regen in größerer Anzahl an einer Mauer im Garten aufgestiegen

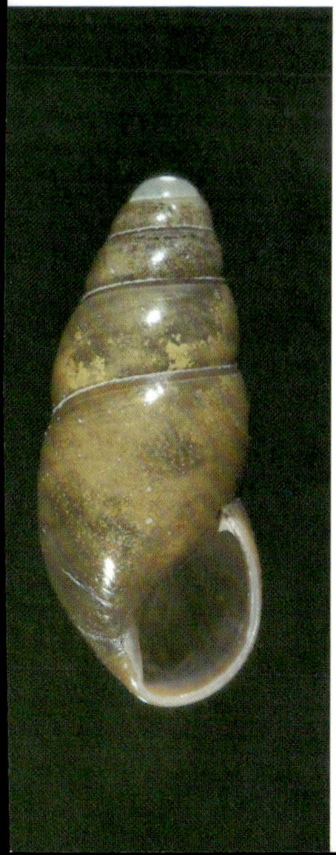

Familie Pyramidulidae
Pyramidenschnecken

Die Familie besteht nur aus der Gattung „Pyramidula“ und ist mit mehreren Arten in der südlichen Palaearktis von Spanien bis Japan verbreitet. Bei uns kommt nur eine Art vor.

Pyramidula rupestris (Draparnaud, 1801) Felsen-Pyramidenschnecke

Verbreitungstyp: mediterran und westeuropäisch.

Gehäusegröße: 1,4 bis 2 mm x 2,5 bis 3 mm.

Beschreibung: Das kleine kreiselförmige Gehäuse, besitzt 4½ stufig zueinander abgesetzte, gewölbte Umgänge, die von einer tiefen Naht getrennt werden. Das Gewinde ist von stumpfkonischer Gestalt, der Nabel weit und perspektivisch gestaltet. Die Mündung ist rundlich, der Mundsaum einfach, dünnwandig und zerbrechlich ausgebildet. Durch die rippenartige unregelmäßige feine Streifung erscheint das dunkel rotbraun gefärbte Gehäuse schwach glänzend. Bei älteren Exemplaren ist es oft auch völlig ausgeblichen. Auf der Embryonalschale befindet sich eine mikroskopisch feine Körnelung wodurch sie mit bloßem Auge fast glatt erscheint. Der Körper des Tieres ist dunkelgrau bis schwarz gefärbt.

Habitat: *P. rupestris* ist eine kalkliebende Art, die alle Felsen, mit einem Minimum an Kalkbestandteilen bewohnt, soweit sie sonnenexponiert und trocken sind. Als echte Felsschnecke verbringt sie ihr ganzes Leben am Felsen und verläßt ihn nur in Ausnahmefällen. Die wärmeliebenden Tiere sitzen in Felsspalten, aber auch frei und ungeschützt an südexponierten glatten, trockenen Felswänden. Bei Trockenheit haften die Gehäuse der ruhenden Tiere außerordentlich fest am Untergrund und werden gelegentlich mit für Bauzwecke gebrochenen Steinen verschleppt, was zu einer Koloniegründung an neu gebauten Natursteinmauern führen kann. Bei Feuchtigkeit kriecht *P. rupestris* frei auf den Felsen umher, Flechten und Algen abweidend. Über die Fortpflanzung ist wenig bekannt. In einem Sammelröhrchen mit 5 *P. rupestris* entdeckte ich nach 8 Stunden 14 lebend geborene Jungtiere mit einem Gehäusedurchmesser von 0,7 mm.

Verbreitung: In Deutschland hauptsächlich im Südwesten verbreitet. Der nördlichste Fundort liegt im Hönnetal/Sauerland. In Hessen gilt die Art als ausgestorben.

Pyramidula rupestris, Presseggen K.Ö
Pyramidula rupestris, Ansammlung auf einem feuchten Stück Holz, das in einer Felsspalte klemmt, Mont Ventoux SF
Pyramidula rupestris, Gehäuse

Familie Vertiginidae
Windelschnecken

Bei dieser weltweit verbreiteten Familie handelt es sich um sehr kleine Arten, deren Gehäuse eine Größe um 2 mm besitzen. Bei einigen Arten ist die Mündung durch eine charakteristische Bezahnung gekennzeichnet. Die Gehäuse sind von ovaler bis zylindrischer Form und auf der Oberfläche glatt oder besitzen feine Zuwachsstreifen und Rippen. Die hier beschriebenen Vertreter dieser Familie gliedern sich in 2 Unterfamilien.

1. Truncatellininae: Arten mit mehr schlankem, zylindrischem Gehäuse.
2. Vertigininae: Arten mit verhältnismäßig oval, gedrungenem Gehäuse deren Mündung meist mit Zähnen ausgestattet ist.

Einige der hier beschriebenen Arten sind vorwiegend in feuchteren, andere in trockeneren Lebensräumen zu finden.

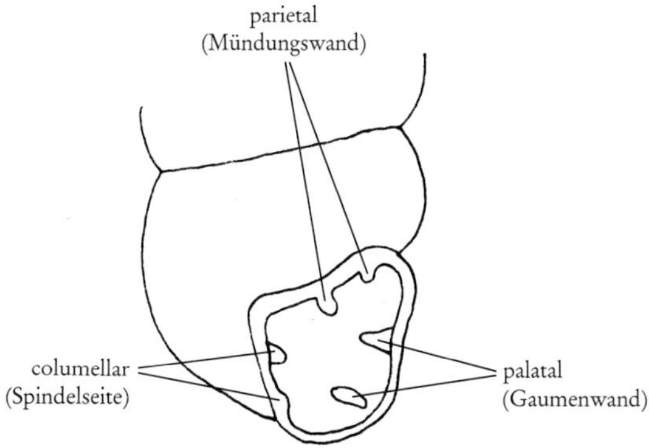

Lagebezeichnung der Zähne bei den Windelschnecken

Unterfamilie Truncatellininae

Columella edendula (Draparnaud, 1805) Zahnlose Windelschnecke

4

Verbreitungstyp: holarktisch.

Gehäusegröße: 2,5 bis 3,0 mm x 1,3 bis 1,5 mm.

Beschreibung: Das schwach konische, walzenförmige Gehäuse, mit konisch gerundetem Spitzenteil, besitzt 5½ bis 6½ leicht gerundete Umgänge, die durch eine deutliche Naht getrennt werden. Die Umgänge sind dünnwandig, durchscheinend, schwach unregelmäßig gestreift und von hell hornbrauner, glänzender Färbung. Auf den ersten Windungen eine oft zusammenfließende graue Fleckung. Die Mündung ist etwas höher als breit und auch im ausgewachsenen Zustand ohne Bezahnung. Der scharfe zerbrechliche Mündungsrand ist nur im Spindelbereich leicht umgebogen, wobei der stichförmige Nabel fast abgedeckt wird.

Habitat: Die bevorzugten Lebensräume dieser Art sind sumpfige, kalkhaltige, pflanzenreiche Habitate in feuchten Wald- und Wiesenbiotopen, Auwäldern und an Bachufern. Am leichtesten findet man die Tiere oft sehr zahlreich auf der Blattunterseite der in feuchten Hochstaudenfluren stehenden Kohl-Kratzdistel (*Cirsium oleraceum*).

Verbreitung: Aufgrund der leichten Verwechslung mit der folgenden Art (*Columella aspersa*) ist die genaue Verbreitung zur Zeit noch nicht bekannt. Wahrscheinlich ist sie jedoch in Nord- und Mitteleuropa allgemein verbreitet.

Columella aspersa (Walden, 1966) Rauhe Windelschnecke

Verbreitungstyp: palaearktisch.

Gehäusegröße: 2,0 bis 2,5 mm x 1,3 bis 1,4 mm.

Beschreibung: Das Gehäuse ist kleiner und im Verhältnis breiter als das der vorangegangenen Art. Die 6 stark gewölbten Umgänge werden durch eine tiefere Naht getrennt. Die Gehäuseoberfläche ist stärker und regelmäßiger gestreift, weniger glänzend und in der Regel dunkler gefärbt als bei *C. edentula*, der sie im Mündungsbereich ziemlich gleicht.

Habitat: *C. aspersa* lebt an weniger kalkhaltigen Standorten als *C. edentula* und besiedelt Laub- und Nadelwälder sowie auch schwach saure Wiesen. Im Verhältnis zu *C. edentula* häufiger an trockneren Standorten zu finden.

Verbreitung: Diese Art wurde erst 1966 von WALDEN in Schweden neu beschrieben und danach auch in anderen Ländern gefunden. Da sie bis dahin mit der vorangegangenen Art verwechselt wurde ist die genaue Verbreitung noch nicht bekannt. Die Verbreitung erstreckt sich über das westliche Europa. Im nördlichen Skandinavien fehlt sie.

Truncatellina cylindrica (Ferussac, 1807) Zylinderwindelschnecke

Verbreitungstyp: (süd)-europäisch.

Gehäusegröße: 1,8 bis 2,0 mm x 0,9 mm.

Beschreibung: *T. cylindrica* besitzt ein zylindrisches, am Apex abgeflachtes und gerundetes Gehäuse mit 5½ bis 6 Umgängen. Die ersten 4 Umgänge sind an der Peripherie mäßig gerundet, während die beiden letzten flacher ausgebildet sind. Auf der matt blaßhornfarbenen Gehäuseoberfläche befinden sich zahlreiche, regelmäßig angeordnete feine Rippen. Die Mündung ist elliptisch ausgebildet und unbezahnt, der Mundsaum erweitert und schwach lippig verstärkt sowie am Spindel- und Basalrand nur leicht umgebogen. Der Nabel ist tief geritzt oder sehr fein durchbohrt ausgebildet.

Habitat: *T. cylindrica* ist eine gesteinsindifferente Art, die an sehr trokkenen Standorten wie Magerrasen, Felsen, Geröllhalden und seltener auch auf Sanddünen zu finden ist. Am ehesten erhält man diese Art durch das Aussieben von Mulmproben. Diese entnimmt man an Felsenstandorten unter den abgestorbenen Blättern der in den Spalten siedelnden Pflanzen.

Verbreitung: In Mitteleuropa allgemein, jedoch verstreut, vorkommend. Im Norden vorwiegend im Küstenbereich von Südschweden und in einigen anderen Bereichen von Südskandinavien (dänische und schwedische Ostseeinseln) zu finden.

o.: *Columella edendula,* Ansammlung auf der Blattunterseite der Kohlkratzdistel, Kassel NH
o.r.: *Columella edendula,* Kassel NH
u.l.: *Columella edendula,* Gehäuse
u.M.: *Columella aspersa,* Gehäuse
u.r.: *Truncatellina cylindrica,* Gehäuse

Unterfamilie Vertigininae

Vertigo pusilla (O. F. Müller, 1774) Linksgewundene Windelschnecke

Verbreitungstyp: europäisch.

Gehäusegröße: 2,0 mm x 1,1 mm.

Beschreibung: Das linksgewundene Gehäuse ist von eiförmiger Gestalt und besitzt 5 gut gewölbte und durchscheinende Umgänge. Die Gehäuseoberfläche ist glänzend, fein und unregelmäßig gestreift und von gelblichbrauner Färbung. Der Nabel ist tief geritzt. In der Mündung befinden sich in der Regel 6, gelegentlich auch 9 Zähne. Es sind 2 Parietalzähne, 2 Columellarzähne und 2 Palatalzähne. Der Mündungsrand ist schwach verstärkt, nur wenig erweitert und nach außen umgebogen.

Habitat: *V. pusilla* meidet sehr feuchte Standorte und ist daher vorwiegend in trockeneren Biotopen zu finden. Sie besiedelt trockene, steinige Böden, Felsgesimse, Steinmauern oder lichte Wälder und Gebüsche, wo sie unter Laub und Steinen zu finden ist.

Verbreitung: Auch diese Art ist in Nord- und Mitteleuropa allgemein, jedoch verstreut, verbreitet. Im nördlichen Skandinavien fehlt sie.

Vertigo antivertigo (Draparnaud, 1801) Sumpfwindelschnecke

Verbreitungstyp: palaearktisch.

Gehäusegröße: 2,0 bis 2,2 mm x 1,2 mm.

Beschreibung: Das durchsichtige, kastanienbraune Gehäuse ist von bauchig eiförmiger Gestalt und besitzt 5 schwach gewölbte Umgänge, die von einer seichten Naht getrennt werden. Auf der glatt erscheinenden, glänzenden Gehäuseoberfläche befindet sich eine sehr feine Streifung. Die Mündung ist durch eine Einbuchtung des äußeren Mundsaumes gekennzeichnet. Dieser ist nur wenig erweitert, schwach gelippt und nach außen gebogen. In der Mündung befinden sich zwischen 6 bis 8 Zähne, von denen je 2 Parietal- und Columellarzähne und 2 Palatalzähne meist immer in guter Ausbildung vorhanden sind.

Habitat: Als Feuchtrasenbewohner ist *V. antivertigo* bevorzugt in Mooren, Sümpfen und auf Feuchtwiesen zu finden, wo sie sich unter abgestorbenem Pflanzenmaterial aufhält. Ebenfalls ist sie unter angespülten Pflanzenresten verlandender Gewässer zu finden. Am ehesten findet man die an günstigen Orten sehr zahlreich oder gelegentlich auch massenhaft vorkommenden Tiere durch Abschütteln von Pflanzenmaterial über einem hellen Untergrund.

Verbreitung: In Mitteleuropa ist diese Art weit verbreitet, und dringt in Nordeuropa bis zum 63. Breitengrad vor. In Deutschland, durch die Trockenlegung und Vernichtung von feuchten Biotopen, stark zurückgegangen.

Vertigo pusilla, fossiles Gehäuse

Vertigo antivertigo, Gehäuse

4 **Vertigo substriata** (Jeffreys 1833) Gestreifte Windelschnecke

Verbreitungstyp: boreo-alpin.

Gehäusegröße: 1,7 mm x 1,1 mm.

Beschreibung: Das dunkelbraune Gehäuse ist von gedrungener elliptischer Gestalt und besitzt 4½ stark gewölbte Umgänge, die durch eine tiefe Naht getrennt werden. Die Gehäuseoberfläche ist besonders auf den mittleren Umgängen durch eine charakteristische feine Rippung gekennzeichnet. In der Mündung befinden sich 5 bis 6 Zähne. Es sind 2 Parietalzähne, 1 bis 2 Columellarzähne und 2 Palatalzähne. Der Mundsaum ist dünn, schwach gelippt und nur wenig nach außen gebogen.

Habitat: Auch *V. substriata* bewohnt feuchte Lebensräume und ist in Feuchtwäldern, auf nassen Wiesenböden, in Erlenbrüchen und in den Sumpf- und Verlandungszonen stehender Gewässer zu finden. Sie hält sich unter Moos, modernden Pflanzenresten und im Wurzelfilz der Pflanzen auf. Gelegentlich kommt diese verstreut vorkommende Art auch an trockeneren Standorten vor.

Verbreitung: *V. substriata* hat eine weite Verbreitung, mit verstreuten, teilweise seltenen Vorkommen. Sie erstreckt sich über Westfrankreich (Vogesen), die Schweiz, Österreich (hier sehr selten), Deutschland, Polen und die Tschechoslowakei, von wo sie nach Nordungarn einstrahlt. Weiterhin verbreitet in den Niederlanden, von hier nach Nordbelgien einstrahlend, den Britischen Inseln und durch Skandinavien bis zum Polarkreis.

Vertigo substriata, Gehäuse
Vertigo pygmaea, Gehäuse

Vertigo pygmaea (Draparnaud 1801)
Gemeine Windelschnecke

Verbreitungstyp: holarktisch.
Gehäusegröße: 1,7 bis 2,2 mm x 1,0 bis 1,2 mm.
Beschreibung: Das gelbbraune Gehäuse von *V. pygmaea* ist von walzig-eiförmiger Gestalt und hat 5 schwach gewölbte Umgänge. Auf der matt glänzenden Gehäuseoberfläche ist eine nur schwache undeutliche Streifung zu erkennen. Der Mundsaum ist kaum verstärkt, nur wenig erweitert und gering umgebogen. Parallel zum äußeren Mündungsrand verläuft ähnlich wie bei *Pupilla muscorum* (s. Foto S.135) ein dammartiger Nackenwulst. In der Mündung befinden sich 4 bis 7 Zähne. Im Palatalbereich sind die Zähne durch eine kräftige Schmelzleiste miteinander verbunden. Parietal ist nur 1 Zahn vorhanden.
Habitat: *V. pygmaea* ist eine gesteinsindifferente Art die sowohl im Gras und Moos feuchter Wiesen, aber auch auf trockenem Kalkmagerrasen zu finden ist. An trockenen Standorten unter umwachsenen Steinen zu finden. Wälder werden gemieden.
Verbreitung: Diese recht häufige *Vertigo*-Art ist in Mitteleuropa weitverbreitet. In Nordeuropa (Norwegen) bis zum 64. Breitengrad, wo sie in den Höhenlagen jedoch seltener wird. In Deutschland eine regelmäßig vorkommende Art mit geschlossenem Verbreitungsgebiet.

Familie Orculidae
Fäßchenschnecken

Die Fäßchenschnecken sind in Deutschland mit 2 Arten vertreten. Die Gehäuse sind von zylindrischer Gestalt mit zahlreichen, langsam anwachsenden, eng aufgewundenen Umgängen und bezahnter Mündung. Die meisten haben eine alpine Verbreitung und sind somit an entsprechende Lebensräume gebunden.

4 **Orcula dolium** (Draparnaud 1801) **Große Fäßchenschnecke**

Verbreitungstyp: alpin und karpatisch.

Gehäusegröße: 6,7 bis 9 mm x 3 bis 3,6 mm.

Beschreibung: Das Gehäuse von *O. dolium* ist von walzenförmiger, dick zylindrischer Gestalt, die sich im ersten Drittel zum kuppig ausgebildeten Apex verjüngt. Die 8½ bis 10 Umgänge sind schwach gewölbt, unregelmäßig fein gestreift und nur schwach durchscheinend. Oft ist das gelblich oder rötlichbraun gefärbte, mattglänzende Gehäuse von einer dicken Schmutzschicht bedeckt, so daß Färbung und Gehäusestruktur nicht zu erkennen sind. Die Mündung ist mit einer schmalen schneidenartigen zentralgelegenen Parietalfalte, und 2 schwächeren, den Mündungsrand nicht erreichenden Columellarfalten bestückt. Der Mündungsrand ist erweitert, umgebogen und gelippt. In den Gehäusemaßen eine insgesamt sehr variable Art.

Habitat: *O. dolium* ist eine calciphile, vorwiegend montan vorkommende Art. Sie lebt an Felsen, zwischen dem Geröll von Blockfeldern und Schuttströmen, auch unter Steinen und in der Bodenstreu der Wälder, wobei neben schattigen, feuchten auch sonnige, trockene Biotope besiedelt werden.
Am Felsen sitzen die Tiere bei Trockenheit in den Spalten, im Mulm am Felsfuß oder unter den abgestorbenen herunterhängenden Pflanzenteilen, der in den Spalten siedelnden Pflanzen. Bei feuchtem Wetter kriechen die Tiere frei auf der Felsoberfläche umher und sind dann oft in großer Anzahl zu finden.

Verbreitung: Die Hauptverbreitung erstreckt sich über die Alpenländer bis in die Karpaten. In Deutschland nur im Süden. Hier in den Bayerischen Alpen, im Südwesten über das Oberrheingebiet (Schwarzwald, Kaiserstuhl) bis zum Neckar (Ludwigsburg) vordringend.

Orcula dolium, Presseggen K.Ö
Orcula dolium, Gehäuse
Orcula dolium, Gehäuse mit Schmutz überzogen, Presseggen K.Ö

2 **Sphyradium doliolum** (Bruguiere 1792) **Kleine Fäßchenschnecke**

Verbreitungstyp: süd- und südosteuropäisch.

Gehäusegröße: 4,5 bis 6 mm x 2,3 bis 2,5 mm.

Beschreibung: Das Gehäuse ist hornfarben, mattglänzend und erreicht im oberen Drittel seine größte Breite, um sich dann auf den letzten 3 Umgängen zur Mündung hin zu verjüngen. In Richtung Apex ist es von halbkuglig gewölbter Form. Die 7½ bis 9 Umgänge sind schwach gewölbt und werden durch eine deutliche Naht voneinander getrennt. Die Rippung auf der Gehäuseoberfläche ist weitläufig und von einer lamellenähnlichen Struktur, besonders bei frischen Exemplaren wo das Periostracum noch gut erhalten ist, wobei die Abstände der Rippung auf den unteren Umgängen zunehmen. Der Mundsaum ist erweitert und durch eine weiße Lippe gekennzeichnet. Die Anordnung der Parietal- und Columellarfalten ist ähnlich der vorangegangenen Art, jedoch liegen die beiden Columellarfalten dichter zusammen, tiefer in der Mündung und sind nicht deutlich voneinander getrennt.

Habitat: Auch *S. doliolum* ist eine calciphile Art, bevorzugt aber mehr feuchte und schattige Standorte, wo sie unter Laub und Steinen in den Wäldern, jedoch auch zwischen Felsen zu finden ist. Im Schweizer Jura steigt sie bis 1600 m ü. NN auf, wobei in höheren Lagen mehr offenes Gelände besiedelt wird.

Verbreitung: In den Kalksteingebieten von Südwest- und Mitteldeutschland mit verstreuten Vorkommen.

Sphyradium doliolum, Gehäuse

Pagodulina pagodula (Des Moulins 1830) **Pagodenschnecke**

Verbreitungstyp: alpin-südosteuropäisch.

Gehäusegröße: 2,8 bis 3,3 mm x 1,8 bis 2 mm.

Beschreibung: Das dünnwandige, durchscheinende, hellhornbraune Gehäuse ist von walzenförmiger gedrungener Gestalt und besitzt 7½ bis 8 deutlich gewölbte Umgänge. Der letzte Umgang auf dem letzten Viertel der Windung ist wieder ansteigend, so daß der obere Rand des geschlossenen und etwas abgelösten Mundsaumes die Naht des vorangegangenen Umganges fast erreicht. In der Mündung sind keine Zähne zu sehen, jedoch befinden sich in der Tiefe des letzten Umganges eine Columellarfalte und eine Palatalfalte, die erst nach Herausbrechen eines Teils der äußeren Mündungswand sichtbar werden. Auf der Gehäuseoberfläche befinden sich gleichmäßig angeordnete, lamellenähnliche Rippen die besonders frischen Gehäusen einen seidigen Glanz verleihen.

Habitat: *P. pagodula* führt eine versteckte Lebensweise unter der Bodenstreu feuchter, schattiger Wälder, wie auch zwischen Felsen und Kalkgeröll. Mehrere Exemplare fand ich bei Trockenheit an den feuchten Ästchen eines vermoderten Reisighaufens in einem Laubmischwald. An Felsen sitzen die Tiere meist in den Pflanzenpolstern der in den Spalten siedelnden Pflanzen.

Verbreitung: In Mitteleuropa sehr zerstreut. In Frankreich kommt sie im Bereich der französischen Westalpen (Zentralplateau) und an wenigen Standorten in Ost- (Elsaß-Lothringen) und Südfrankreich vor. Ein größeres, mehr zusammenhängendes Verbreitungsareal befindet sich in Österreich (hier mit teils endemischen Unterarten vertreten), wo es sich hufeisenförmig von den Nordalpen über die Ostalpen zu den Südalpen zieht. Von den Nordalpen auch nach Süddeutschland (Südostbayern) einstrahlend. Weitere vereinzelte Vorkommen in Nordwestungarn und Südpolen.

Pagodulina pagodula, Villach K.Ö
Pagodulina pagodula, Gehäuse

Familie Chondrinidae
Kornschnecken

Die Arten in dieser Familie bewohnen wärmere Gebiete vorwiegend in Südeuropa, Nordamerika und Südwestasien. Sie besiedeln in der Regel offene, trockene Kalkfelsen und nur selten auch anderes Gestein. Nur wenige Arten kommen auch in anderen Habitaten wie Geröllhalden, Kalkmagerrasen oder in auf Kalk stockenden, lichten Wäldern vor. 2 der behandelten Arten sind ausgesprochene Gebirgsbewohner.
Die schlanken Gehäuse sind von spitzkonischer Gestalt und in der Mündung mit einer unterschiedlichen Anzahl von faltenartigen Zähnen besetzt. Der Mündungsrand ist umgebogen und meist durch eine weiße Lippe verstärkt.

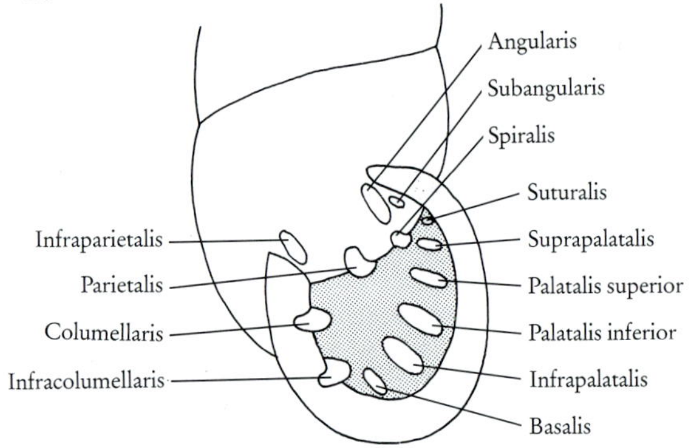

Bezeichnung der Falten und Zähne bei den Kornschnecken

D Granopupa granum (Draparnaud 1801) Puppenkornschnecke

Verbreitungstyp: mediterran.

Gehäusegröße: 3,5 bis 5,5 mm x 1,4 bis 1,8 mm.

Beschreibung: Das hornfarbene bis schwach rötlichbraune Gehäuse dieser sehr kleinen Kornschnecke ist von schlanker Gestalt und besitzt 7 bis 8 schwach gewölbte Umgänge, die auf der Oberfläche ziemlich dicht, fein und regelmäßig gerippt sind. In der Mündung befinden sich

Granopupa granum, Mont Ventoux SF
Granopupa granum, Gehäuse
Granopupa granum, Jungtiere an trockener Steinunterseite angeheftet, Mont Ventoux SF

meist 7 Zähne, 2 Columellarzähne, 1 erhabener Parietalzahn und ein kleiner unauffälliger, meistens jedoch fehlender Angularzahn und 3 bis 4 Palatalzähne, die mit der kaum verstärkten äußeren Lippe des schwach umgebogenen Mundsaumes nicht verbunden sind.

Habitat: *G. granum* lebt an trockenem, felsigem oder rasigem Standort auf kalkhaltigem Untergrund. In der Schweiz steigt sie bis zu einer Höhenlage von 1000 m hinauf.

Verbreitung: Von Südfrankreich bis ins Wallis/Südschweiz.

2 **Granaria frumentum** (Draparnaud 1801) **Wulstige Kornschnecke**

Verbreitungstyp: nordalpin und mitteleuropäisch.

Gehäusegröße: 6,5 bis 8 mm x 2,7 bis 3 mm.

Beschreibung: Das Gehäuse ist von zylindrischer Gestalt, wobei es sich im oberen Drittel sehr rasch zum Apex verjüngt. In der Größe oft sehr schwankend, so daß kleine Exemplare gedrungener wirken. Die 9 bis 10, durch eine flache Naht voneinander getrennten, flach gerundeten Umgänge, sind fein, dicht und regelmäßig gestreift, nur schwach durchscheinend und von bräunlicher bis grauer Färbung. Auf dem letzten Umgang befindet sich vor dem Mündungsrand, charakteristisch für diese Art, ein stark ausgebildeter weißer Nackenwulst. Der mit einer kräftigen weißen Lippe versehene stark erweiterte, umgeschlagene Mundsaum geht in eine ebenfalls weiße Gaumenschwiele über und ist in der Parietalregion unterbrochen. In der Mündung befinden sich 8 Zähne (Falten). Die 4 Palatalzähne sind gut ausgebildet und verschmelzen wie auch die anderen mit der Gaumenschwiele, scheinen durch das Gehäuse nach außen durch und sind als weiße Striche in Windungsrichtung zu sehen. Der Angularzahn ist mit dem Mundsaum verbunden, parietal befindet sich 1 kleiner Zahn und columellar 2 Zähne dicht nebeneinander.

Granaria frumentum, Sontra NH
Granaria frumentum, Gehäuse
Granaria frumentum im Trockenschlaf an Kalkfelsen, Sontra NH

Habitat: *G. frumentum* finden wir an trockenen kurzrasigen Hängen, am Fuße von Felsen und in Geröllhalden, bevorzugt an kalkreichen Standorten, seltener auch auf anderem Gestein. Nach Regenschauern kriechen die Tiere oft zahlreich auf Steinen und Felsen umher. Bei Trokkenheit sind sie unter Steinen, zwischen Geröll oder in Felsspalten zu finden. Im Winter verkriechen sie sich an Felsstandorten gern unter Grasbüscheln und abgestorbenen Teilen, der in den Spalten siedelnden Pflanzen.
In Grasbiotopen tritt *G. frumentum* gelegentlich als Zwischenwirt des Lanzettegels auf, besonders dann, wenn andere Zwischenwirte wie *Helicella itala* oder *H. obvia* fehlen. Somit spielt sie in dieser Beziehung nur eine untergeordnete Rolle.

Verbreitung: In Mitteleuropa in Ost- und Südostfrankreich, der Schweiz, Österreich, der Tschechoslowakei in deren Kalkgebieten verbreitet. In Deutschland in Süd- und Mitteldeutschland bis ins südliche Niedersachsen (Harz) vorkommend.

Granaria illyrica (Rossmässler 1837)

(= **Abida frumentum illyrica** [Rossmässler])

Verbreitungstyp: südalpin und südosteuropäisch.

Gehäusegröße: 9 bis 11,5 mm x 3,2 bis 4 mm.

Beschreibung: Einige Autoren sehen in *G. illyrica* keine eigene Art, sondern stellen sie als Form zu der vorangegangenen Art, der sie sehr ähnlich ist. Jedoch unterscheidet sie sich von dieser durch das größere Gehäuse, den fehlenden oder nur schwach ausgebildeten Nackenwulst und eine feinere Rippung der Gehäuseoberfläche, insbesondere auf den letzten 2 bis 3 Umgängen.

Habitat: Auch die Ansprüche an den Lebensraum gleichen der vorangegangenen Art.

Verbreitung: In Mitteleuropa in der Südschweiz und im südlichen Österreich.

Granaria illyrica im Trockenschlaf an Kalkfelsen angeheftet, Garnitzenklamm K.Ö
Granaria illyrica
Granaria illyrica, Gehäuse

Granaria variabilis (Draparnaud 1801)
Große Kornschnecke

Verbreitungstyp: mediterran und südwestalpin.

Gehäusegröße: 7 bis 10 mm (max. bis 15 mm) x 3 bis 4 mm.

Beschreibung: Eine in Größe und Form sehr variable Art, mit einem zylindrischkonischen Gehäuse. Bei großen Exemplaren verjüngt sich das Gehäuse zum Apex hin nur langsam, wodurch es schlank erscheint, bei kleinen Exemplaren verjüngt es sich jedoch rascher, so daß sie ein mehr bauchiges Aussehen bekommen, ähnlich dem von *G. frumentum.* Die 8 bis 12, durch eine flache Naht getrennten Umgänge, sind auf dem konischen Teil nur schwach gerundet und auf dem zylindrischen noch flacher ausgebildet. Die schwach braun gefärbte Gehäuseoberfläche besitzt eine feine, schwache Streifung die auf den letzten Umgängen erlischt. Frische Gehäuse sind schwach durchsichtig, glänzend, mit zunehmendem Alter werden sie matt und undurchsichtig. In der Mündung sichtbar befinden sich bis zu 7 Zähne (Falten): 3 bis 4 Palatalzähne, davon der unterste gut ausgebildet und wie der Angularzahn mit der Außenlippe verbunden, meist auch noch der nächste der jedoch wie der 3. und 4. Palatalzahn auch verkürzt in der Tiefe der Mündung liegen kann. Die Palatalzähne scheinen nach außen als weiße Striche durch. Columellar befinden sich 2 Zähne dicht nebeneinander und parietal 1 Zahn. Der Mundsaum ist flach umgebogen und durch eine starke weiße Lippe gekennzeichnet. Ein Nackenwulst ist nicht vorhanden.

Habitat: *G. variabilis* bewohnt trockene, sonnenexponierte Lebensräume und besiedelt Felsen, Mauern, Geröll und Magerrasen.

Verbreitung: In Südfrankreich südlich zwischen Lyon und den Pyrenäen vorkommend und nach Osten entlang dem Rhonetal bis in die Südschweiz zum Genfer Becken und den südlichen Walliser Seitentälern.

Granaria variabilis, Lex Baux SF
Granaria variabilis, Form- und Größenunterschiede bei Gehäusen

Abida secale (Draparnaud 1801)
Roggenkornschnecke

Verbreitungstyp: Westeuropäisch-alpin.

Gehäusegröße: 6 bis 8,5 mm (max. 11 mm) x 2,3 bis 2,8 mm.

Beschreibung: Das walzigeiförmige Gehäuse besitzt 8½ bis 9 schwach gewölbte Umgänge, mit einer feinen und regelmäßigen rippenstreifigen Oberfläche. Es ist im oberen Drittel konisch verjüngt und in Größe sowie Gestalt sehr variabel. Die Färbung des Gehäuses ist rötlichbraun und im frischen Zustand leicht durchscheinend. Der in der Parietalregion unterbrochene Mundsaum ist durch eine weiße Lippe verstärkt, erweitert und nach außen umgebogen. In der Mündung befinden sich 9 Zähne (Falten), davon 3 häufig mit der Außenlippe in Verbindung stehende parallel laufende Palatalzähne, daneben suprapalatal tief in der Mündung liegend 1 kleiner Zahn, 1 erhabener lamellenartiger tief in die Mündung reichender Angularzahn, zwischen diesem und dem Mündungsrand subangular 1 kleinerer kurzer Zahn, parietal 1 ebenfalls tieferliegender Zahn sowie 1 kräftiger Columellarzahn, der wesentlich höher als der Infracolumellarzahn ist. Gelegentlich auch basal 1 schmaler kleiner Zahn. Die Mündung ist innen bräunlich gefärbt.

Habitat: *A. secale* bewohnt ähnliche Biotope wie *G. frumentum,* ist jedoch nur auf kalkhaltigem Untergrund zu finden. Dort wo sich die Verbreitungsgebiete decken, können auch beide Arten am gleichen Standort gefunden werden. Im Gegensatz zu *G. frumentum* werden auch feuchtere Kalkfelsen besiedelt, außerdem dringt sie auch in den Wald ein, sofern besonnte Kalkfelsen vorhanden sind. Sie kriecht gerne auf Felssimsen zwischen Steinen und den dort siedelnden Pflanzen umher und ist weniger auf freien Felsflächen zu finden. Im Winter hält sie sich an den gleichen Plätzen wie *G. frumentum* auf.

Verbreitung: Das zusammenhängende Verbreitungsgebiet erstreckt sich von England über Südbelgien, Deutschland, Frankreich, die Schweiz und Österreich bis in die Tschechoslowakei. In Deutschland im Süden (nur Alpenvorland) und Südwesten (Oberrheingebiet, Nekkarbergland) und in einem größeren Verbreitungsgebiet in Mitteldeutschland bis zur Linie Weserbergland, Teutoburger Wald/Eggegebirge verbreitet, jedoch stellenweise fehlend.

Abida secale, Kassel NH
Abida secale, Gehäuse
Abida secale, Jungtier mit schmutzverkrustetem Gehäuse, Kassel

3 **Chondrina avenaecea** (Bruguiere 1792) **Haferkornschnecke**

Verbreitungstyp: westeuropäisch alpin.

Gehäusegröße: 6 bis 8 mm x 2,3 bis 2,5 mm.

Beschreibung: Das Gehäuse von konischzylindrischer Gestalt besitzt 7 bis 8, besonders auf dem ersten Gehäusedrittel stark gewölbte Umgänge, die sehr variabel gestreift sind. Dies trifft auf die Struktur, fein oder grob gestreift und auf die Streifenabstände zu. Die Färbung ist rotbraun und nicht glänzend. Der Mundsaum ist kaum erweitert, dünn und zerbrechlich und innen im Bereich der Zahnausläufe gelblich bis rotbraun. Die Mündung ist mit 3 Palatalzähnen und 1 darüberliegenden Suprapalatalzahn, etwas schwächer ausgebildet oder fehlend, je 1 Angula- und Parietalzahn und je 1 Columellar- und Infracolumellarzahn ausgestattet.

Habitat: *C. avenacea* und die folgende Art zählen zu den wenigen rein felsgebundenen (Kalkstein und Dolomit) Schnecken. Bevorzugt besiedeln sie sonnenbeschienene Südwände und sind niemals in einem anderen Biotop zu finden. Bei Trockenheit haften die Gehäuse am Felsuntergrund so fest, daß sie gelegentlich mit Baumaterial (gebrochene Steine) verschleppt werden und neue Kolonien gründen, nachdem die Steine zum Bau einer Mauer Verwendung fanden. Extrem trockene Tage werden im Mulm der Felsbänder und unter Steinschutt verbracht. Insgesamt eine gegen Witterungseinflüsse sehr unempfindliche Art, die im Gebirge bis in eine Höhe von 1800 m ü. NN zu finden ist.

Nahrung: Als Nahrung dienen endolithische Kalkflechten, Algen und gelegentlich Mulm. Die unter der Kalksteinoberfläche verborgenen Flechten werden durch Abschaben der oberen Kalkschicht erreicht. Dabei werden Teile der Flechten, jedoch auch Kristalltrümmer des kohlensauren Kalkes neben Pilzhyphen und Algenzellen aufgenommen. Höhere Pflanzen werden nicht befressen.

Verbreitung: *C. avenacea* hat eine weite, jedoch zerstreute Verbreitung, die sich über die Kalkgebiete der Alpen (Österreich, Schweiz, Süd- und Ostfrankreich) erstreckt. Isolierte Vorkommen in Südbelgien, der Tschechoslowakei. In Deutschland in den Nordalpen, südwestlich bis nach Mitteldeutschland und dort bis nach Thüringen (Hörselberge bei Eisenach) vordringend.

Chondrina avenaecea, Mont Ventoux SF
Chondrina avenaecea, Gehäuse

❸ **Chondrina clienta** (Westerlund 1883) Feingerippte Haferkornschnecke

Verbreitungstyp: östlichalpin und südöstlicheuropäisch.

Gehäusegröße: 5,5 mm bis 6,5 x 2,5 mm.

Beschreibung: Das Gehäuse hat große Ähnlichkeit mit dem von *C. avenacea* ist jedoch etwas kleiner und von mehr konischer Form. Auch die 7 Umgänge sind im Verhältnis zu denen von *C. avenacea,* alle gleichmäßig gewölbt und regelmäßiger und feiner gerippt. Die nicht glänzende Gehäuseoberfläche ist rötlichbraun oder hornbraun, der umgebogene, dünne und sehr zerbrechliche, an der Spindelseite unterbrochene, Mundsaum ist innen weißlich, die elliptische Mündung bräunlich. Bei der Bezahnung sind im Gegensatz zu *C. avenacea* nur 2 Palatalzähne kräftig ausgebildet (oberer und unterer Palatalzahn), welche gegenüber den Zahnzwischenräumen der Columellar- und Parietalzähnen stehen. Die übrigen Palatalzähne sind sehr schwach ausgebildet, jedoch ist ein dritter immer vorhanden. Ansonsten gleicht die Bezahnung der vorangegangenen Art.

Habitat: Besiedelt die gleichen Biotope wie *C. avenacea,* jedoch scheint sie weniger kalkgebunden zu sein. Gelegentlich finden sich beide Arten am gleichen Standort. Normalerweise verläßt auch diese Art ihren Lebensraum Felsen nicht.
Um so interessanter ist die Beobachtung die der österreichische Malakologe W. KLEMM machte. Er suchte im besonders heißen und trokkenen Sommer 1947 eine Felswand auf, die sonst dicht von *C. clienta* besetzt ist. Er fand die Wand vollkommen schneckenleer vor, und selbst die Nachsuche am Fuße der Felswand und in der näheren Umgebung erbrachten keine Funde. Dann entdeckte er die gesamte Schnekkenpopulation an Buchenstämmen sitzend, die etwa 8 bis 10 m von der Felswand entfernt standen. Entlang der ca. 70 m langen Felswand waren etwa 10 Bäume bis hoch hinauf dicht besetzt. Zwischen Felswand und den Bäumen konnte er keine Schnecken finden. Bei einer Kontrolle nach 4 Wochen (inzwischen hatte es geregnet) fand er die Population wieder an der Felswand sitzend (KLEMM 1951).

Verbreitung: Von der Schweiz und Österreich über Ungarn/Tschechoslowakei bis nach Polen. Weitab der Hauptverbreitung in Südschweden (Öland und Gotland). In Deutschland nur am Alpenrand (Allgäuer Alpen bis Berchtesgaden) und isoliert im Fränkischen Jura.

Chondrina clienta, Presseggen K.Ö
Chondrina clienta, Gehäuse

Solatopupa similis (Bruguriere 1792)

(= **Chondrina similis** [Bruguiere] = **Pupa cinera** Draparnaud
= **P. quinquedentata** Moquin-Tandon = **Bulimus similis** [Bruguiere])

Verbreitungstyp: mediterran.

Gehäusegröße: 9,0 bis 14,2 max. 16 mm x 3,0 bis 4,2 mm.

Beschreibung: Das fast spindelförmige Gehäuse besitzt 8 bis 10 gelegentlich auch 12 mäßig gebogene Umgänge die von einer niedrig eingesenkten Naht getrennt werden. Die nichtglänzende, glatt erscheinende Gehäuseoberfläche ist ziemlich fein gestreift und gewöhnlich von bläulichweißer Grundfärbung, auf der sich schwachbraune, transversale Flecke befinden. Der Mundsaum ist dünn und scharf ausgebildet und nach außen erweitert. In der Mündung befinden sich 6 Zähne (Falten) von denen 4 schmal und kräftig erhaben ausgebildet sind. Dies sind 2 Palatalzähne, 1 Parietalzahn und 1 Columellarzahn unter dem noch 1 kleiner verkümmerter sitzt. Ebenfalls meist schwach ausgebildet ist der Angularzahn, der als einziger mit dem Mündungsrand verbunden ist.

Habitat: *S. similis* bewohnt warme, trockene sowie sonnenexponierte Kalkfelsen, Geröll, alte Mauern und Ruinen und ist gelegentlich auch an den Hauswänden alter Bauten zu finden.

Verbreitung: Diese wärmeliebende Art ist im gesamten mediterranen Bereich von Südfrankreich gemein verbreitet.

Salatopupa similis, Arles SF
Salatopupa similis, Gehäuse
Salatopupa similis, im Trockenschlaf an einer Mauer in Arles SF

Familie Pupillidae
Puppenschnecken

Die Arten dieser Familie besitzen im allgemeinen ein kurzes, walzenförmiges Gehäuse, von mehr oder weniger ovaler Form, das beim Kriechen des Tieres schräg aufrecht getragen wird. Die Mündung ist oft bezahnt, der Mundsaum umgebogen oder innen verstärkt. Bei einigen Arten ist der Nacken durch einen starken bis schwachen, weißen Wulst gekennzeichnet. Die Verbreitung ist weltweit.

Pupilla muscorum (Linnaeus 1758) **Moospuppenschnecke**

Verbreitungstyp: holarktisch.

Gehäusegröße: 3 bis 4 mm x 1,7 mm.

Beschreibung: Das walzig gerundete Gehäuse besitzt 6 bis 7 schwach gewölbte Umgänge, die sich im letzten Viertel zum konisch gerundeten Apex hin verjüngen. Die feste Gehäusewand ist sehr fein, jedoch unregelmäßig gestreift, schwach durchscheinend von rötlichbrauner bis hornbrauner Färbung. Bei älteren Exemplaren ist die Gehäuseoberfläche oft korrigiert und erscheint dann grauweiß überhaucht. Der nicht zusammenhängende Mundsaum ist innen verdickt und nach außen nur schwach umgebogen. In der rundlichen Mündung sitzt 1 kleiner weißer Palatalzahn, der auch fehlen kann. Allerdings treten auch Exemplare mit 2 weiteren Zähnen (1 Palatalzahn und 1 Columellarzahn) auf. Die Form mit einem 2. Zahn (Palatalzahn) heißt *Pupilla muscorum bigranata* Rossmässler. Zwischen dem weißen, kräftigen, dammförmig ausgebildeten Nackenwulst und dem Mundsaum befindet sich eine rinnenförmige Vertiefung.

Habitat: *P. muscorum* lebt an trockenen warmen Standorten und besiedelt gern lückige Magerrasen, Steinmauern und Felsen. Insgesamt ist sie eine äußerst anpassungsfähige, gesteinsindifferente Schneckenart mit leichter Bevorzugung von Kalkstandorten. Leere Gehäuse finden sich an entsprechenden Standorten oft in Anzahl auf den Haufen der Rasenameisen, neben den Gehäusen der Blindschnecke *Cecilioides acicula.* An Felsenstandorten halten sich die Tiere gern im Mulm unter den abgestorbenen Blättern, der dort in den Spalten siedelnden Pflanzen auf. Eine Siebprobe von ca. ½ Liter Mulm, gesammelt an 3 Stellen un-

Pupilla muscorum, Kassel, NH
Pupilla muscorum, Gehäuse

ter Pflanzen auf Basaltgestein, ergaben eine Anzahl von 338 Exemplaren. Als Nahrung dienen welke, verrottende Blätter.

Verbreitung: *P. muscorum* ist in ganz Europa in den ihr zusagenden Lebensräumen regelmäßig zu finden.

4 **Pupilla sterri** (Voith, 1838) Gestreifte Puppenschnecke

Verbreitungstyp: mittel und südeuropäisch.

Gehäusegröße: 2,8 bis 3,5 mm x 1,75 mm.

Beschreibung: Im Gegensatz zu *P. muscorum* ist das Gehäuse von mehr zylindrischer Gestalt. Die 6 bis 7 Umgänge sind charakteristisch stark gewölbt und durch eine tiefe Naht voneinander getrennt. Auch *P. sterri* besitzt einen breiten gelblichen Nackenwulst, der durch eine rinnenartige Einschnürung vom dünnen, stark erweiterten Mundsaum getrennt ist. In der Mündung sitzen 2 Zähne, 1 Palatalzahn und 1 Parietalzahn. Die Gehäuseoberfläche ist von rotbrauner bis hornfarbener Färbung und erhält durch die etwas gröberen Zuwachsstreifen ein reliefartiges Aussehen.

Habitat: Die Lebensräume von *P. sterri* sind warme sonnenexponierte, kalkhaltige und vorwiegend montane (bis 2800 m ü. NN) Standorte. Gern siedeln sie am Fußsaum von freistehenden Kalkfelsen und sind dort im Mulm oder unter abgestorbenen Pflanzenteilen zu finden.

Verbreitung: Sehr zerstreut , die Hauptverbreitung erstreckt sich über den Alpenraum und die angrenzenden Gebiete. In Mitteldeutschland nur vereinzelt, z. B.: Fränkischer Jura und Thüringen.

Pupilla muscorum, Ansammlung in einer feuchten Steinspalte (Basalt), Felsberg NH
Pupilla sterri, Gehäuse (fossiles Exemplar aus einer Lösslehmablagerung bei Sontra NH)

Familie Valloniidae
Grasschnecken

Diese Familie vereint Arten mit unterschiedlichen Gehäuseformen, die jedoch Gemeinsamkeiten bei den anatomischen Merkmalen aufweisen. Die nord- und mitteleuropäischen Arten dieser weltweit verbreiteten Familie werden in 2 Unterfamilien zusammengefaßt:

Unterfamilie Valloniinae

Die Vertreter dieser Unterfamilie besiedeln vorwiegend trockene, grasige Standorte. Die weißlichen Gehäuse sind klein, flach, scheibenförmig mit großem offenem Nabel und erweitertem Mundsaum.

Unterfamilie Acanthinulinae

Die meisten Arten dieser Unterfamilie bewohnen feuchte Waldstandorte. Die Gehäuse sind klein, braun gefärbt und von stumpfkonischer Gestalt und besitzen einen engen Nabel. Auf der Gehäuseoberfläche mit einer charakteristischen, lamellenartigen Rippung, die bei einigen Arten als Hautrippen ausgebildet sind.

Unterfamilie Valloniinae

Vallonia costata (O. F. Müller 1774)
Gerippte Grasschnecke

(= **Vallonia helvetica** Sterki = **Vallonia jurassica**)

Verbreitungstyp: holarktisch.

Gehäusegröße: Breite 2,2 bis 2,7 mm.

Beschreibung: Das scheibenförmige Gehäuse hat einen fast kreisförmigen Umriß und ist nur im Mündungsbereich etwas erweitert. Es besitzt 3¼ Umgänge mit nur leicht erhobenem Gewinde. Der Nabel ist weit und schüsselförmig ausgebildet, die Mündung rundlich geformt und der Mundsaum mit einer starken weißen Lippe versehen und nach außen umgeschlagen. Auf der kaum durchscheinenden, gräulichweißen Gehäuseoberfläche ist eine ziemlich gleichmäßig angeordnete scharfe Rippung (bei alten Gehäusen oft schon verwittert und unkenntlich) vorhanden.

Vallonia pulchella, Kassel NH
Vallonia costata, Gehäuse

Habitat: *V. costata* lebt vorwiegend an trockenen, kalkhaltigen Standorten und ist zu den charakteristischen Arten der Halbtrockenrasen zu zählen. Gelegentlich kann man sie dort in größerer Anzahl unter Steinen oder leere Gehäuse auf Ameisenhaufen finden. Weiterhin kommt sie an Mauern, zwischen Geröll und auf Dünen vor.

Verbreitung: In Mitteleuropa allgemein verbreitet . Im Norden von Großbritannien und Skandinavien nur entlang der Küste, im Binnenland fehlend.

Vallonia pulchella (O. F. Müller 1774)
Glatte Grasschnecke

Verbreitungstyp: holarktisch.

Gehäusegröße: Breite 2 bis 2,5 mm.

Beschreibung: Das scheibenförmige Gehäuse ähnelt sehr der vorangegangenen Art. Es besitzt 3¼ gut gewölbte und gleichmäßig zunehmende Umgänge und ein nur wenig erhobenes Gewinde. Der Nabel ist tief und schüsselförmig ausgebildet und durch den letzten Viertelumgang plötzlich stark erweitert. Der Mundsaum, der fast kreisrunden Mündung, ist mit einer starken weißen Lippe versehen, die abrupt nach außen umgeschlagen ist. Auf der schwach durchscheinenden weißlich bis gelblichgrauen Gehäuseoberfläche befindet sich eine sehr feine, oft unregelmäßige Streifung.

Habitat: Auch *V. pulchella* lebt an offenen kalkhaltigen Standorten, bevorzugt aber feuchtere Habitate als *V. costata* und *V. excentrica.* Sie ist deshalb vorwiegend in feuchten Wiesen und Sümpfen zu finden und kommt nur gelegentlich auch an trockeneren Standorten vor. Leere Gehäuse findet man oft in größerer Zahl in Flußgenisten.

Verbreitung: *V. pulchella* ist weit verbreitet. Das Verbreitungsgebiet deckt sich mit dem der vorangegangenen Art.

Vallonia excentrica (Sterki 1892)
Schiefe Grasschnecke

(= **Vallonia pulchella** var. **excentrica** Sterki)

Verbreitungstyp: holarktisch.

Gehäusegröße: Breite 2 bis 2,2 mm.

Beschreibung: Das scheibenförmige Gehäuse ähnelt sehr dem von *V. pulchella,* ist jedoch etwas kleiner und besitzt 3 Umgänge. Der letzte Viertelumgang ist deutlicher erweitert und verleiht somit dem Gehäuse

Vallonia pulchella, Gehäuse
Vallonia excentrica, Gehäuse

einen mehr ovalen Umriß, was auch dazu führt, daß der Nabel ein exzentrisches Aussehen erhält. Der Mundsaum, der fast kreisrunden Mündung ist weniger stark umgebogen. Gehäusefärbung und Oberflächenstruktur wie bei der vorangegangenen Art.
Der Artstatus von *V. excentrica* ist bei vielen Autoren umstritten, die sie als Form von *V. pulchella* ansehen.

Habitat: Lebt an kalkhaltigen, offenen und trockenen Standorten. Ihre Ansprüche decken sich im großen und ganzen mit denen von *V. costata.* Normalerweise nicht in Sümpfen und Wäldern.

Verbreitung: Ähnlich der beiden vorangegangenen Arten. Jedoch im Norden von Skandinavien fehlend und in Schottland selten vorkommend. Sichere Nachweise fehlen aus Polen und Ungarn.

Unterfamilie Acanthinulinae

Acanthinula aculeata (O. F. Müller 1774) Stachelschnecke

Verbreitungstyp: westpalaearktisch.

Gehäusegröße: Breite 2 mm x 2 mm.

Beschreibung: Das stumpfkonische Gehäuse besitzt 4 gut gewölbte Umgänge die von einer tiefen Naht getrennt werden. Der Nabel ist eng und tief ausgebildet. Die Mündung ist rundlich, der Mundsaum nur wenig erweitert und innen mit einer schwachen weißen Lippe belegt. Auf der Gehäuseoberfläche befinden sich bei frischen Gehäusen regelmäßig angeordnete lamellenartige Rippen, die an der Peripherie zu schmalen dreieckigen Spitzen (Stacheln) ausgezogen sind. Bei alten Gehäusen oft abgeschabt, jedoch feine Spuren hinterlassend.

Habitat: *A. aculeata* ist eine bodenbewohnende Art des Waldes und kommt von der Niederung bis in die montane Höhenstufe vor. Weithin ist sie in Hecken und Gebüsch unter Laub, morschem Holz und am Fuße von Baumstümpfen zu finden. Am ehesten durch Aussieben von Bodenproben zu erhalten.

Verbreitung: Deckt sich ziemlich genau mit den 3 vorangegangenen Arten. In Großbritannien nur an der Küste im äußersten Norden fehlend. In Skandinavien nicht über 62 ° N hinausgehend und in Ungarn fast ausschließlich in den Bergländern vorkommend und nur selten in der Ebene.

Acanthinula aculeata, Schartenberg bei Zierenberg NH
Acanthinula aculeata, Gehäuse

Familie Enidae
Turmschnecken

Die vorwiegend die paläarktische Region bewohnende Familie Enidae ist in Mitteleuropa sowie in Deutschland mit 5 Arten vertreten. Ihre verhältnismäßig glatten Gehäuse sind von zylindrisch/konischer Gestalt mit schwach gewölbten, regelmäßig anwachsenden Umgängen. Meistens ist der Mündungsrand verbreitert, umgebogen oder durch eine kräftige Lippe verstärkt. Bei zwei Arten ist die Mündung bezahnt.

3 **Chondrula tridens** (O. F. Müller 1774) **Dreizahnturmschnecke**

Verbreitungstyp: mittel-, ost- und südosteuropäisch.

Gehäusegröße: 9 bis 12 mm x 4 bis 4,5 mm.

Beschreibung: Das walzigeiförmige, festwandige und schwach transparente Gehäuse besitzt 7 bis 8 leicht gewölbte Umgänge von hornbrauner oder rotbrauner, mattglänzender Färbung. Die Gehäuseoberfläche ist schwach und unregelmäßig gestreift und der umgeschlagene Mundsaum durch eine dicke weiße Lippe gekennzeichnet. Die Mündung ist mit 3 Hauptzähnen besetzt: 1 Parietalzahn, 1 Columellarzahn und 1 Palatalzahn. Meist ist auch 1 kleiner Angularzahn vorhanden. Die Gehäusehöhe kann sogar in derselben Population beträchtlich schwanken. Gelegentlich können auch Gehäuse bis zu einer Höhe von 14 mm auftreten.

Habitat: *Ch. tridens* ist eine auf kurzrasigen, kalkhaltigen, warmen und trockenen Standorten lebende Steppenart, die auch an felsigen Standorten, jedoch in geringerer Anzahl, anzutreffen ist.

Biologie: Über die Lebensweise von *Ch. tridens* ist nur wenig bekannt. Sie führt eine außerordentlich versteckte Lebensweise und verkriecht sich bei Trockenheit in Ritzen und Spalten des Erdreichs und kommt nur bei feuchtem und gleichzeitig warmem Wetter aus ihren Schlupfwinkeln hervor. Danach findet man sie gelegentlich an Grashalmen angeheftet. Bei länger anhaltender Trockenheit zieht sie sich wieder in den schützenden Erdboden zurück. Häufiger als lebende Tiere findet man leere Gehäuse, die das Vorkommen dieser wärmeliebenden Art bezeugen.

Verbreitung: Über Süd- und Ostfrankreich, die Schweiz, Österreich, Deutschland, Ungarn, die Tschechoslowakei und Polen, wobei im Zentrum der Verbreitung auch große Lücken bestehen. In Deutschland findet man sie besonders in Mitteldeutschland, sie fehlt aber im Norden und Südosten.

Chondrula tridens, Frankershausen NH
Chondrula tridens, Gehäuse

2 Jaminia quadridens (O. F. Müller 1774) Vierzahnturmschnecke

(= **Chondrula quadridens** [O. F. Müller])

Verbreitungstyp: mediterran und westeuropäisch.

Gehäusegröße: 7 bis 12 mm x 3,5 bis 4,5 mm.

Beschreibung: Das festwandige, linksgewundene Gehäuse ist von zylindrischer, im oberen Drittel konischer Gestalt mit stumpfer Spitze und hornfarbener, schwach glänzender Färbung. Die 8 langsam und regelmäßig anwachsenden, fein gestreiften Umgänge sind besonders in der unteren Gehäusehälfte nur schwach, ansonsten jedoch mäßig gewölbt. Der Mundsaum ist nur wenig erweitert und durch eine kräftige nach außen durchscheinende, gelblichweiße Lippe verstärkt. In der Mündung befinden sich 4 Zähne, 1 Parietalzahn, 1 Columellarzahn und 2 Palatalzähne.

Habitat: *Ch. quadridens* ist eine ausgesprochen wärmeliebende Art, deren Lebensraum exponierte warme, trockene, felsige und steinige Standorte darstellen. Am zahlreichsten scheint sie in Biotopen zu siedeln, die über einen geringen Pflanzendeckungsgrad verfügen und zahlreiche offene Bodenflächen aufweisen. In solchen Biotopen finden wir die Tiere bei anhaltender Trockenheit versteckt in Felsspalten und im lockeren Substrat unter größeren Steinen öfter zusammen mit anderen Arten im Trockenschlaf.

Verbreitung: Die Hauptverbreitung erstreckt sich in Mitteleuropa über Süd- und Südostfrankreich, Südluxemburg bis nach Westdeutschland. Hier besonders im Bereich des oberen Rheintales (Kaiserstuhl, Pfälzer Wald) und mittleren Rheintales (an einigen Orten des Nahe- und Moseltals). Weiterhin westlich und südliche Teile der Schweiz und von dort bis ins westliche Österreich. Hier in Vorarlberg, Nord- und Osttirol vorkommend.

Jaminia quadridens, Bedoin am Mont Ventous SF
Jaminia quadridens, Gehäuse

Ena montana (Draparnaud 1801)
Bergturmschnecke

Verbreitungstyp: mitteleuropäisch-alpin-karpatisch.

Gehäusegröße: 14 bis 17 mm x 6 bis 7 mm.

Beschreibung: Das mattglänzende, hornbraune, spitzkonische Gehäuse mit stumpfem Apex, besitzt 7 bis 8 verhältnismäßig flach gewölbte Umgänge. Sie sind schwach durchscheinend und auf der Gehäuseoberfläche unregelmäßig gestreift, wobei sie von feinen Spirallinien gekreuzt werden, so daß eine gekörnelte Oberflächenstruktur entsteht. Der schwachrosa bis weißliche, leicht verdickte Mundsaum ist umgebogen und überdacht im Spindelbereich den engen stichförmigen Nabel. Die Körperfärbung des Tieres schwankt zwischen hell- und dunkelgrau mit dunkler Pigmentierung, wobei gelegentlich auch schwärzliche Exemplare auftreten. Kopf und Augenträger sind dunkler.

Habitat: *E. montana* ist eine waldbewohnende Art des Berg- und Hügellandes, die besonders in natürlichen älteren Waldgesellschaften zu finden ist. Hier hält sie sich unter der Bodenstreu, moderndem Holz und zuweilen auch unter Steinen auf. An feuchteren Stellen sitzen die Tiere auch bis in 1 m Höhe tagsüber an Pflanzen angeheftet. In Buchenwäldern kriechen sie bei feuchtem Wetter oft sehr zahlreich die Buchenstämme hoch hinauf.

Biologie: Als Nahrung wird die verwitterte Oberfläche von dürren Stengeln abgeweidet und auch welke Pflanzenteile werden gern gefressen. Lebensfrische Pflanzen werden dagegen nur selten befressen.
Den Winter verbringen sie oft zu mehreren unter Steinen und moderndem Holz, wobei während der Ruheperiode das Gehäuse mit einem Diaphragma verschlossen ist.

Verbreitung: Die Verbreitung erstreckt sich über Nordostfrankreich (auch in den Pyrenäen), die Schweiz, Österreich, die Tschechoslowakei und Südpolen. In Deutschland außer im Nordosten allgemein verbreitet. In England und Belgien nur im Süden vorkommend.

Ena montana, Kassel NH
Ena montana im Trockenschlaf, an Blatt angeheftet, Kassel NH
Ena montana, Gehäuse

Ena obscura (O. F. Müller 1774)
Kleine Turmschnecke

Verbreitungstyp: europäisch.

Gehäusegröße: 8,5 bis 9 mm x 3,7 mm.

Beschreibung: Das braune, kaum glänzende Gehäuse besitzt 6½ bis 7 Umgänge, die fein, jedoch mehr oder weniger unregelmäßig gestreift sind. Spirallinien wie bei der größeren *E. montana* sind nicht vorhanden. Im großen und ganzen ist das Gehäuse dem von *E. montana* ähnlich. Der Mundsaum ist umgeschlagen, die Mündung weiß gefärbt. Das Gehäuse der Jungtiere ist oft von einer Schicht Erde, vermischt mit Kotresten und trockenem Schleim bedeckt, so daß die einzelnen Strukturen und Umgänge nicht mehr zu erkennen sind. Die Tarnung dieser an einem Baumstamm sitzenden Tiere ist absolut perfekt. Auch die graue bis dunkelgraue Körperfärbung ist der der vorangegangenen Art sehr ähnlich.

Habitat: Die gesteinsindifferente *E. obscura* ist in ähnlichen Lebensräumen wie die vorangegangene Art anzutreffen. Jedoch ist sie nicht so stark an Wälder gebunden und besiedelt auch offenere Habitate wie Hecken, Mauern und felsige Standorte, wo sie sich unter Laub, altem Holz, Steinen oder in Mauer- und Felsspalten verborgen hält. Auch sie kriecht bei feuchtem Wetter gern umher und steigt an Baumstämmen (Buchen) empor.

Verbreitung: In Mitteleuropa ist *E. obscura* allgemein verbreitet. In Skandinavien selten über 60 ° N hinausgehend und auch in Schottland und Irland nur verstreut vorkommend.

Ena obscura, Kassel NH

Ena obscura, Gehäuse eines Jungtieres durch Kot und Schmutz völlig verkrustet, Kassel NH

Ena obscura, Gehäuse

❹ **Zebrina detrita** (O. F. Müller 1774) **Große Turmschnecke**

(= **Ena detrita** [O. F. Müller])

Verbreitungstyp: südosteuropäisch.

Gehäusegröße: 12 bis 25 mm x 8 bis 12 mm.

Beschreibung: Aufgrund ihrer Größe und der Färbung ist *Z. detrita* die auffälligste heimische Turmschnecke. Das dickwandige feste Gehäuse ist von konischeiförmiger Gestalt und besitzt 6½ bis 7 schwach gewölbte Umgänge. Die Gehäuseoberfläche ist grob und unregelmäßig gestreift und auf den ersten Windungen durch feine Spirallinien gekennzeichnet. In der Färbung sind die besonders im frischen Zustand glänzenden Gehäuse recht variabel. Neben rein weißlichen Exemplaren treten gelbliche bis cremefarbene Stücke auf. Oft sind die Gehäuse auch mit hell- bis dunkelbraunen, manchmal schwach transparenten Querbändern versehen, die unregelmäßig auf dem Gehäuse verteilt sind. Ebenfalls sehr variabel ist die Form des Gehäuses wobei bei gleicher Höhe sehr schlanke oder auch sehr bauchige Exemplare vorkommen. Der Mundsaum ist weiß, innen schwach gelippt und nur im Spindelbereich leicht umgebogen. Das Gehäuseinnere ist hellbräunlich gefärbt. Der Weichkörper des Tieres ist von heller gelblichgrauer Färbung, jedoch im Herbst wenn die Temperaturen sinken, verfärbt sich der Körper in ein dunkleres Grau. Im März/April des nächsten Jahres färbt sich der Weichkörper in den alten Zustand zurück.

Habitat: *Z. detrita* lebt an sonnigen, trockenen Standorten sofern es sich um Kalkböden handelt. Bevorzugt bewohnt sie Magerrasen, versteppte Grashänge, trockene Wiesen, Weingärten und steigt in den Alpen bis 1600 m ü. NN hinauf. Bei anhaltender Trockenheit findet man die Tiere oft zu Hunderten im Trockenschlaf an Pflanzenstengeln angeheftet.

Biologie: Bedingt durch die Sommertrockenheit der Standorte an denen *Z. detrita* lebt, haben sich bei ihr zwei Fortpflanzungsperioden herausgebildet. Die erste fällt in das Frühjahr (April/Mai) und die zweite in den Herbst (August/September). Beide Perioden fallen in eine Zeit, wo höhere Niederschläge zu erwarten sind. Die Kopulationen finden an feuchten Tagen, wenn die Vegetationsdecke gut durchfeuchtet ist, statt. Im Frühjahr, besonders nach den ersten warmen Regentagen. Die

Zebrina detrita, Roussillon SF
Zebrina detrita, Jungtier im Trockenschlaf, Neusiedler See Ö
Zebrina detrita, Gehäuse

Eier werden nach ca. 10 bis 20 Tagen bevorzugt an Stellen mit lockerem Boden abgelegt, dabei gräbt sich das Tier oft so tief in das Erdreich hinein, daß nur noch die Gehäusespitze sichtbar ist. Durch weiteres Eingraben während der Eiablage liegen die Eier durch Erdkrümel getrennt einzeln im Boden. Die Gelegegröße schwankt zwischen 16 und 68 Eiern, die weiß gefärbt und von kugeliger Gestalt, mit einem Durchmesser von 2,0 bis 2,4 mm, sind. Je nach Temperatur schlüpfen die Jungtiere nach einer Entwicklungszeit von 27 bis 36 Tagen aus. Als Nahrung dienen ihnen zunächst am Boden liegende modernde, später auch welke Pflanzenteile der verschiedensten am Standort vorkommenden Arten. Spätestens nach 2½ Jahren ist das Gehäusewachstum beendet und das Tier fortpflanzungsfähig. Insgesamt kann *Z. detrita* ein Lebensalter von max. 5½ Jahren erreichen.

Verbreitung: In Mitteleuropa von Süd- und Südostfrankreich, die Schweiz bis nach Mitteldeutschland. In Österreich bildet sie 2 Teilareale. Das erste liegt im Südwesten (Nord- und Osttirol), das zweite im Nordosten, und strahlt nach Norden in die Tschechoslowakei ein und gliedert sich nach Südosten an das größere Verbreitungsgebiet von Ungarn an. In Mitteldeutschland liegt die Verbreitungsgrenze nach Norden auf der Linie Düsseldorf, Harz und Thüringen.

Zebrina detrita, mehrere Tiere im Trockenschlaf, Kaiserstuhl Bd-Wb

Zebrina detrita, Jungtier, Neusiedler See Ö

Familie Endodontidae
Schlüsselschnecken

Die zu dieser Familie zählenden Arten zeichnen sich durch primitive Merkmale wie einfache Genitalien ohne Anhänge und einen aus Plättchen zusammengesetzten Kiefer aus. Die deutlich gerippten Gehäuse sind klein und von flacher scheibenförmiger Gestalt, mit einem weitgeöffneten flachen Nabel. Der Mundsaum ist unbezahnt, einfach, gerade und scharf ausgebildet. In Deutschland ist diese erdgeschichtlich alte Familie mit 4 Arten vertreten.

Punctum pygmaeum (Draparnaud 1801) **Punktschnecke**

Verbreitungstyp: holarktisch.

Gehäusegröße: Breite 1,2 bis 1,5 mm.

Beschreibung: Das sehr kleine, scheibenförmige Gehäuse besitzt 3½ mäßig gewölbte Umgänge die von einer tiefen Naht getrennt werden. Die Gehäuseoberfläche ist fein und regelmäßig gestreift und von seidenglänzender hornbrauner bis rötlichbrauner Färbung. Der Nabel ist weit und perspektivisch ausgebildet und nimmt an der breitesten Stelle etwa ¼ der Gehäusebreite ein. Die rundliche Mündung ist mit einem zerbrechlichen, dünnen scharf ausgebildeten Mundsaum versehen.

Habitat: *P. pygmaeum* ist eine gesteinsindifferente Art die an mäßig feuchten Standorten unter Laub, moderndem Holz und Steinen vorkommt. Sehr häufig und zahlreich ist sie oft in Laubwäldern zu finden. Am besten geht dies durch Aussieben von Bodenproben.

Verbreitung: In Europa überall und fehlt fast nirgends.

4 **Discus ruderatus** (Ferussac 1821) **Braune Schlüsselschnecke**

(= **Goniodiscus ruderatus** [Ferussac])

Verbreitungstyp: palaearktisch (in Europa: boreo-alpin).

Gehäusegröße: Breite 5,5 bis 7 mm.

Beschreibung: *D. ruderatus* besitzt ein scheibenförmiges Gehäuse mit 4 bis 4½ regelmäßig, rasch anwachsenden Umgängen mit erhobenem Gewinde. Die nichtglänzende Gehäuseoberfläche ist kräftig und regelmäßig gerippt und von gleichmäßiger gelblichbrauner oder grünlich-

Punctum pygmaeum, Gehäuse
Diese sehr kleine Schnecke ist in Laubwäldern nicht selten

brauner Färbung. Eine Fleckenzeichnung wie bei der folgenden Art, mit der man sie verwechseln könnte, ist nicht vorhanden. Der Nabel ist weit und tief ausgebildet und nimmt etwa ⅓ der größten Gehäusebreite ein. Die schräg stehende Mündung ist von rundlicher Gestalt, der Mundsaum scharf und zerbrechlich und nicht umgebogen.

Habitat: *D. ruderatus* ist eine gesteinsindifferente Gebirgsart, die vorwiegend in einer Höhenlage über 800 m (in den Alpen bis in eine Höhenlage von 2500 m) zu finden ist. Sie hält sich unter Laub, Steinen, altem Holz und besonders gern unter der Rinde von morschen umgestürzten Baumstämmen auf.

Verbreitung: Ein mehr oder weniger zusammenhängendes Verbreitungsgebiet erstreckt sich in Mitteleuropa über die Gebirgslandschaften der Schweiz, (von wo aus sie nach Frankreich einstrahlt, wo sie sonst nur noch selten in den Pyrenäen vorkommt), Österreichs, der Tschechoslowakei und Polens. Ansonsten nur verstreute Vorkommen: in Deutschland (Harz, Rhön, Vogelsberg, Schwarzwald, Bayerischer Wald und von der Tschechoslowakei nach Thüringen einstrahlend), in Ungarn bei Güns. In Nordeuropa in Norwegen (außer an der Küste in Südnorwegen), in Schweden und in Finnland allgemein verbreitet.

Discus rotundatus (O. F. Müller 1774) **Gefleckte Schlüsselschnecke**

(= **Goniodiscus rotundatus** [O. F. Müller])

Verbreitungstyp: west und mitteleuropäisch.

Gehäusegröße: Breite 5,5 bis 7 mm.

Beschreibung: *D. rotundatus* besitzt ein stark zusammengedrücktes, scheibenförmiges Gehäuse mit 4½ bis 6 regelmäßig, langsam anwachsenden, gut gewölbten Umgängen und kaum erhobenem Gewinde. Die seidenglänzende Gehäuseoberfläche ist kräftig und regelmäßig gerippt und von gelblichbrauner Färbung. Auf ihr befindet sich in ziemlich regelmäßigen Abständen eine charakteristische rotbraune Flekkung die gelegentlich auch fehlen kann. Der Nabel ist weit und tief ausgebildet und nimmt etwa ⅓ der größten Gehäusebreite ein. Die schräg stehende querelliptische Mündung ist durch einen scharf ausgebildeten nicht umgebogenen Mundsaum gekennzeichnet.

Habitat: Auch *D. rotundatus* ist eine gesteinsindifferente Art. Bei ausreichender Feuchtigkeit besiedelt sie die unterschiedlichsten Lebens-

Discus ruderatus, Schafstein in der Rhön OH
Discus rotundatus, Kassel NH

räume und ist unter Laub, Steinen, Geröll und vermodertem Holz von der Ebene bis ins Gebirge zu finden.

Verbreitung: Außer Ungarn, wo sie nur in den Bergländern vorkommt, ist sie in Mitteleuropa allgemein verbreitet. In Skandinavien erstreckt sich die Verbreitung über Südschweden und entlang der Küste von Südnorwegen, weiter im Norden fehlend.

2 **Discus perspectivus** (Megerle von Mühlfeld 1816) **Gekielte Schlüsselschnecke**

(= **Goniodiscus perspectivus** [Mühlfeld])

Verbreitungstyp: ostalpin, karpatisch und balkanisch.

Gehäusegröße: Breite 5,5 bis 6,5 mm.

Beschreibung: *D. perspectivus* besitzt ein sehr flach zusammengedrücktes, scheibenförmiges Gehäuse mit 5½ bis 6 regelmäßig, langsam anwachsenden, sehr flachen Umgängen die an der Peripherie scharf gekielt sind. Die Gehäuseoberfläche ist fein und regelmäßig gerippt und einfarbig gelblich- oder grünlichbraun. Der Nabel ist sehr weit ausgebildet und nimmt etwa ⅖ der größten Gehäusebreite ein. Die rhomboidische Mündung hat einen scharf ausgebildeten, nicht umgebogenen zerbrechlichen Mundsaum.

Habitat: Die Aufenthaltsorte die *D. perspectivus* besiedelt, gleichen denen der beiden vorangegangenen Arten, jedoch ist sie eine kalkgebundene Art, die nur im Gebirge zu finden ist. In trockenen Wäldern hält sie sich gerne unter alten, vermoderten Baumstämmen auf. Die Höhengrenze der Verbreitung liegt bei ca. 2000 m ü. NN.

Verbreitung: Das Gebiet erstreckt sich über Österreich (getrennt durch die Tauern in ein Nord- und Südareal), Nord- und Westungarn, der Tschechoslowakei (wo die Westgrenze im mittleren Vltava-Tal liegt) von wo sie nach Polen (Ost-Karpaten und Ost-Sudeten) einstrahlt. In Deutschland isolierte Vorkommen westlich von Südschwaben und nördlich bis zum Fränkischen Jura, weiterhin in Süd- und Südostbayern.

Discus perspectivus, Presseggen K.Ö
Discus ruderatus, Gehäuse
Discus rotundatus, Gehäuse
Discus perspectivus, Gehäuse

Familie Arionidae
Wegschnecken

Die Familie hat eine holarktische Verbreitung, wobei die hier beschriebenen Arten der Unterfamilie Arioninae auf Europa begrenzt sind. Es handelt sich um große bis mittelgroße Nacktschnecken deren innere Kalkplatte in der Regel reduziert ist, bei einigen wenigen Arten bis zur Form von kleinen Kalkkörnchen. Die Körperoberfläche ist mit mehr oder weniger großen Runzeln bedeckt, gerundet und besitzt am Hinterende eine Schleimdrüsenöffnung. Ein Kiel ist nicht vorhanden. Der Mantelschild hat eine genarbte Oberfläche, ist vorn und hinten gerundet und besitzt am rechten Unterrand vor der Mitte eine auffallend große Atemöffnung. Einige Arten können nach äußerlichen Merkmalen bestimmt werden, bei anderen ist eine anatomische Sektion der Geschlechtsorgane nötig, um die Artzugehörigkeit (s. S. 66) zu ermitteln. Die Nahrung besteht aus pflanzlichen Stoffen, gelegentlich wird auch Aas oder Kot aufgenommen. Bei Massenvorkommen können Arten wie z. B. *Arion hortensis* große Schäden im Garten oder in der Landwirtschaft anrichten.

4 **Arion ater** (Linnaeus 1758)
Große Wegschnecke
(= **A. rufus** [Linnaeus] = **A. empiricorum** Ferussac)

Verbreitungstyp: west- und mitteleuropäisch.

Körpergröße: ausgestreckt 10 bis 15 cm gelegentlich auch bis 20 cm lang.

Beschreibung: Der Körper ist von großen länglichen Runzeln bedeckt. Zieht sich die Schnecke durch Störung halbkugelförmig zusammen, so treten die Runzeln scharf kielartig hervor und die ansonsten auffallend große Atemöffnung wird verschlossen. Außerdem beginnt die Schnecke ihren Körper von links nach rechts zu bewegen um den eventuellen Feind zu irritieren. Die Körperfärbung ist ausgesprochen variabel, so treten neben völlig schwarzen (*Arion ater*) oder ziegelroten Tieren (*Arion ater* ssp. *rufus*) auch braune, dunkelbraune, orange und graue Exemplare, bei denen der Fußsaum oft rötlich ist, auf. Jungtiere sind oft weißlich und besitzen unabhängig von der Färbung dunkle Sei-

Arion ater rufus, Wanfried NH
Arion ater ater in Ruhehaltung, Hannover N

tenbinden. Völlig schwarze Exemplare (*A. ater*) kommen am häufigsten im nördlichen Verbreitungsgebiet vor. Feuchte kühlere Standorte sollen dunklere Färbungen und trockene warme Standorte hellere rötliche entstehen lassen. Eine sichere Unterscheidung dieser beiden Unterarten ist jedoch nur durch anatomische Untersuchung der Geschlechtsorgane (s. S. 66) möglich. Der Körperschleim ist von zäher leimähnlicher Konsistenz und bei rötlichen Tieren orange, bei braunen und schwarzen Exemplaren wie der Sohlenschleim farblos.

Habitat: Die Lebensräume von *A. ater* sind sehr vielfältig, so daß sie in fast allen Biotopen anzutreffen ist. Selbst saure Moorböden werden von ihr besiedelt. Auch dringt sie in die Kulturlandschaft ein und ist dann in Gärten zu finden.

Biologie: *A. ater* wird mit 8½ bis 10 Monaten geschlechtsreif. Die Fortpflanzungsperiode fällt in den Zeitraum von Ende August bis November. Die Paarung dauert 2 bis 2 ½ Stunden, jedoch ist auch Selbstbefruchtung möglich, was durch Zuchtversuche mit frisch aus dem Ei geschlüpften und anschließend isoliert aufgezogenen Exemplaren, die sich ohne jemals Kontakt zu einem Geschlechtspartner zu haben erfolgreich fortpflanzten, bestätigt wurde. Während der gesamten Legeperiode werden zwischen 3 bis 8 Einzelgelege mit je 18 bis 230 Eiern abgelegt, wobei die Anzahl der Eier vom Alter und Ernährungszustand des einzelnen Tieres abhängig ist. Insgesamt können in einer Legeperiode bis 500 Eier produziert werden. Das milchigweiße Ei kann kugelig (3 bis 8 mm) oder länglich geformt (4 bis 6,5 mm x 3,5 mm) sein. Die Entwicklungszeit ist stark von der Temperatur abhängig, liegt aber in der Regel zwischen 20 bis 40 Tagen, kann aber auch bis zu 120 Tagen dauern. *A. ater* besitzt ein breites Nahrungsspektrum, was sie auch als Schädling im Garten auszeichnet. Als Nahrung dienen grüne Pflanzen (Gemüse, Kräuter), welke oder verrottete Pflanzenteile, Pilze, Aas und gelegentlich wird sie auch an Kot (Hundekot) fressend beobachtet. Ihr Lebensalter beträgt 12 bis 14 Monate.

Verbreitung: In ganz Mitteleuropa.

Arion ater, schokoladenbraune Farbvariante, Kassel NH
Arion ater, hellorange Farbvariante, Sontra NH
Arion ater, Jungtiere an Brennessel (Nahrungspflanze), Sontra NH
Arion ater, Jungtier in Ruhehaltung, Kassel NH
Arion ater in Schreckstellung, Wanfried NH

Arion lusitanicus (Mabille 1868) **Spanische Wegschnecke**

Verbreitungstyp: west- und mitteleuropäisch.

Körpergröße: ausgestreckt 7 bis 14 cm lang.

Beschreibung: *A. lustianicus* ist etwas kleiner als *A. rufus*, im Aussehen ihr aber sehr ähnlich. Die sehr variable Färbung reicht von schmutzig graugrün und schmutzig rotbraun bis zu grauen oder braunen Varianten. Entlang der Körperseiten zieht sich meist je eine dunkle Binde, die auf dem Mantel lyraförmig verläuft, die bei ausgewachsenen Exemplaren auch fehlen kann und bei den sehr farbvariablen Jungtieren stets kontrastreich ausgebildet ist. Die Fußsohle ist weißlich, der Schleim farblos. Kopf und Fühler sind dunkler gefärbt. Anatomische Merkmale siehe Seite 66.

Habitat: *A. lusitanicus* wurde 1969 erstmals in Deutschland nachgewiesen (SCHMID 1970). Über die Lebensräume ist noch nicht allzuviel bekannt. Bisher beziehen sich die meisten Funde auf Kulturgelände (Gärten, wo sie als Schädling auftritt) und Ödland, wo sie nach vorangegangener Verschleppung oft starke Populationen bildet.

Biologie: Über die Biologie ist noch wenig bekannt, außer daß im August die Kopulation und im Oktober die Eiablage beobachtet wurde.

Verbreitung: In Mitteleuropa über ganz Frankreich nördlich bis Südengland und Irland. Nach Osten, in die Schweiz (Schweizer Jura) und Österreich (wie in der Schweiz nur in niedrigen Lagen und das Gebirge meidend). Für Deutschland erstmals am Grenzacher Horn nachgewiesen (SCHMID 1970), wurde jedoch danach an vielen Punkten in Süddeutschland (Niederbayern und nach Nordwesten in den Oberrheingraben) gefunden. Der nördlichste Fundort liegt in der Nähe von Hamburg. Da mit weiterer Ausbreitung zu rechnen ist, sollte man in Zukunft auf diese Schnecke achten.

 Arion lusitanicus, kontrastreich gefärbtes Jungtier, Grenzacher Horn, Bd-Wb

Arion subfuscus (Draparnaud 1805)
Braune Wegschnecke

Verbreitungstyp: europäisch.

Körpergröße: ausgestreckt 5 bis 7 cm lang.

Beschreibung: *A. subfuscus* ist in der Färbung sehr variabel. Charakteristisch ist eine ockergelbe bis rotgelbe Grundfarbe, Rücken und die beidseitig des Körpers verlaufenden Binden dunkler (rot- oder dunkelbraun). Auch auf dem fein genarbten, nach vorn sich verschmälernden, etwa ein Drittel der Körperlänge einnehmenden Mantelschild, verläuft beidseitig eine lyraförmige Binde, die das hellumrandete Atemloch umschließt. Kopf und Fühler von dunkelgrauer Färbung. Die Körperoberfläche ist von flachen gestreckten Hautrunzeln bedeckt. Der Sohlenschleim ist farblos, dagegen der Körperschleim intensiv gelb oder orange, so daß bei Berührung des Tieres mit dem Finger, dieser stark verfärbt. *A. subfuscus* kann sich nicht wie andere *Arion*-Arten (z. B. *A. ater* s. S. 162) halbkreisförmig zusammenziehen.
Da *A. subfuscus* sehr variabel ist, treten neben anderen Farbvariationen auch kaffeebraune bis schwarzbraune, sowie Exemplare mit fehlenden oder schwach ausgebildeten Binden auf. Der Körperschleim dieser Tiere ist meist farblos. Diese Form wird als *A. subfuscus brunneus* Lehmann bezeichnet und von einigen Autoren als selbständige Art angesehen.

Habitat: *A. subfuscus* bewohnt sehr viele Biotope und ist in Wäldern, Hecken, Gärten, Wiesen und Feldern sowie in Parks und auf Friedhöfen von der Tiefebene bis ins Gebirge (in den Alpen bis 2500 m ü. NN aufsteigend) anzutreffen.

Biologie: Im Alter von 10 bis 11 Monaten wird *A. subfuscus* geschlechtsreif, paart sich und beginnt mit der Eiablage. Insgesamt werden zwischen 8 bis 12 Gelege, mit je 7 bis 53 Eiern, an feuchten Örtlichkeiten im Bodenbereich abgelegt. Die Eier sind länglich und ca. 2 bis 3 mm x 2,5 bis 4 mm groß. Die Jungen schlüpfen nach einer Entwicklungszeit von ca. 25 bis 40 Tagen aus dem Ei, und erreichen ein Lebensalter von 12 bis 13 Monaten. Die Nahrung besteht aus Kräutern, Früchten, Pilzen und gelegentlich auch tierischer Nahrung (Aas).

Verbreitung: Ganz Mitteleuropa.

Arion subfuscus, Kassel NH
Arion subfuscus in Ruhehaltung, Kassel NH

Arion hortensis (Ferussac 1819)
Garten-Wegschnecke

Verbreitungstyp: nordwesteuropäisch.

Körpergröße: ausgestreckt 2,5 bis 3,0 cm, gelegentlich bis 4 cm lang.

Beschreibung: Durch die einheitliche Grundfärbung erscheinen die Tiere sehr dunkel. Sie ist bei erwachsenen Tieren dunkelgraubraun, der Rücken fast schwarz und die ziemlich parallel verlaufenden Seitenbinden blauschwarz. Nach oben sind die Seitenbinden scharf begrenzt, nach unten hin undeutlich, und die unterste Reihe der Runzeln oberhalb des Fußsaumes ist oft weiß. Fußsohle und Körperschleim sind schwach gelb bis kräftig orange, während der Sohlenschleim farblos ist. Kopf und Fühler sind dunkelgrau, gelegentlich rötlich überhaucht. Anatomie s. S. 66.

Habitat: *A. hortensis* bewohnt wie die vorangegangene Art sehr vielfältige Biotope. Als Kulturfolger ist sie jedoch oft sehr häufig in den verschiedenen Kulturbiotopen anzutreffen und wird mit landwirtschaftlichen Erzeugnissen auch in Lager- und Kellerräume verschleppt, wo sie sich unter günstigen Bedingungen (genügend Feuchtigkeit) auch fortpflanzen kann.

Biologie: *A. hortensis* wird schon im Alter von 4 bis 6 Monaten geschlechtsreif. Die Legeperiode erstreckt sich über einen Zeitraum von 2 bis 3 Monaten, wobei ca. 5 bis 8 Gelege mit je 20 bis 80 milchigtrüben Eiern hervorgebracht werden. Insgesamt können von einem Tier während der Legeperiode ca. 200 Eier produziert werden. Die ovalen Eier sind weichhäutig und 2 bis 2,4 mm x 1,6 bis 1,8 mm groß. Die Entwicklungszeit der Eier dauert ca. 21 bis 24 Tage, schwankt jedoch auch wie bei anderen Arten in Abhängigkeit zur Temperatur. Das Lebensalter beträgt ca. 1½ Jahre.
A. hortensis ist als großer Gartenschädling bekannt und kann beträchtliche Schäden in Gemüseanpflanzungen anrichten. Die Hauptnahrung besteht aus krautigen, chlorophyllreichen Pflanzen. Gern werden auch Früchte (Erdbeeren) gefressen.

Verbreitung: Als Kulturfolger ist *A. hortensis* weit verschleppt worden und heute in Mitteleuropa überall zu finden.

Arion hortensis, Kassel NH
Arion hortensis, charakteristische Färbung der Fußsohle
Arion hortensis in Ruhehaltung, Kassel NH

Arion circumscriptus (Johnston 1828) **Graue Wegschnecke**

Verbreitungstyp: europäisch.

Körpergröße: ausgestreckt 3 bis 4 cm lang.

Beschreibung: Die Körperoberfläche ist grau, oliv bis schwach bräunlich. Der Rücken ist dunkelaschfarben, gelegentlich dunkelgrau, der Mantel schwarz gesprenkelt. An den Seiten verläuft bis zur Schwanzspitze eine nach oben scharfbegrenzte, nach unten zum Fußsaum heller werdende dunkle Binde, die sich auf dem Mantelschild oberhalb des Atemloches lyraförmig fortsetzt. Die Fußsohle ist weißlich und der Sohlen- und Körperschleim farblos. Anatomische Merkmale s. S. 66.

Habitat: *A. circumscriptus* lebt in feuchten Laub- und Mischwäldern der Ebene und ist seltener in anderen Biotopen anzutreffen. In den entsprechenden Lebensräumen halten sie sich unter feuchtem Fallaub oder vermoderten Holzstücken auf.

Biologie: Die Geschlechtsreife tritt bei *A. circumscriptum* im 8. bis 9. Lebensmonat ein, wobei es im Mai bis Juni zur Eiablage unter, dem Boden aufliegenden, Gegenständen kommt. Dabei liegen die Eier oft direkt auf dem feuchten Boden. Die gelblichen oder bräunlichen bis rötlichbraunen Eier sind von ovaler bis walzenförmiger Gestalt und sind 1,6 bis 2,2 mm x 1,9 bis 3 mm groß. Ein Gelege enthält zwischen 10 und 39 Eiern, wobei in einer Legeperiode 3 bis 5 Gelege mit einer Gesamteierzahl von 104 bis 123 Stück gelegt werden. Der Schlupf der Jungtiere erfolgt nach einer Entwicklungszeit von ca. 18 bis 20 Tagen. Sie erreichen ein Lebensalter von ca. 1½ Jahren. Auch *A. circumscriptus* ist ein ausgesprochener Grünblattfresser der allerdings auch die Blüten der Pflanzen nicht verschmäht. Gelegentlich wird auch Aas befressen.

Verbreitung: Ganz Mitteleuropa, jedoch nur wenig bekannt da diese Art oft mit *A. silvaticus* und *A. fasciatus* verwechselt wird. In Süddeutschland nördlich der Donau nur sporadisch vorkommend.

Arion circumscriptum, Schartenberg bei Zierenberg NH
Arion circumscriptum in Ruhehaltung, Kassel NH

Arion fasciatus (Nilsson 1822)
Gelbstreifige Wegschnecke

Verbreitungstyp: nordwesteuropäisch.

Körpergröße: ausgestreckt 4 bis 5 cm lang.

Beschreibung: Die grauliche bis gelblichbraune Rückenfärbung hellt sich zur dunklen scharfbegrenzten Seitenbinde hin auf. Auf der rechten Körperseite verläuft diese auf dem Mantelschild oberhalb des Atemloches entlang. Die Mantelschildmitte ist dunkel, jedoch nicht gefleckt. Unterhalb der Seitenbinden befindet sich parallel laufend, ein schwach sichtbarer gelber oder orangener Streifen. Kopf und Fühler sind dunkel, die Fußsohle grauweiß und der Schleim ist farblos. Früher wurde *A. fasciatus* oft mit *A. circumscruptus* und *A. silvaticus* verwechselt, obwohl sie kleiner (bis 4 cm) sind und nie eine gelbliche Grundfärbung besitzen. Zur genauen Abgrenzung der Arten siehe die anatomischen Merkmale auf Seite 66.

Habitat: Diese vorwiegend nachtaktive Art hält sich am Tage an feuchten Stellen unter Steinen, Holz und altem Laub auf. Hauptsächlich besiedelt sie Kulturbiotope und ist in Gärten, Parks, auf Friedhöfen, Ödland und in der Feldlandschaft anzutreffen.

Verbreitung: Aufgrund der Verwechslungen mit den genannten Arten sind ältere Angaben zu überprüfen. Ansonsten scheint *A. fasciatus* hauptsächlich in Nord- und Osteuropa vorzukommen.

Arion fasciatus, Raßdorf NH
Arion fasciatus, kräftig gefärbtes Exemplar, Kassel NH

Arion silvaticus (Lohmander 1937)
Wald-Wegschnecke
(= **A. fasciatus** verschiedener Autoren non Nilsson)

Verbreitungstyp: europäisch.

Körpergröße: ausgestreckt 3 bis 4 cm lang.

Beschreibung: *A. silvaticus* ähnelt der vorangegangenen Art, ist aber wesentlich heller. Der grauliche, gelegentlich auch etwas dunklere Rükken und Mantelschild hellt sich seitlich zum Mittelband hin bis zu Silbergrau auf und setzt sich jenseits des Bandes bis zur Fußsohle fort. Dadurch hebt sich das dunkle bis schwarze Mittelband kontrastreich vom hellen Körper ab. Ebenfalls dunkel bis schwarz sind Kopf und Fühler. Die Fußsohle ist weißlich und der Schleim farblos. Zur genauen Abgrenzung siehe die anatomischen Merkmale auf Seite 66.

Habitat: *A. silvaticus* lebt bevorzugt an bewaldeten Standorten (Laubwälder), in Gebüschen und ist dort an ähnlichen Plätzen wie *A. fasciatus* anzutreffen. Gelegentlich auch außerhalb des Waldes in feuchten Niederungen und an gebüschreichen Bachläufen.

Verbreitung: Aufgrund von Verwechslungen mit der vorangegangenen und folgenden Art ist die Verbreitung noch nicht genau bekannt. Wahrscheinlich aber in ganz Mitteleuropa zu finden.

Arion silvaticus, Kassel NH
Arion silvaticus in Ruhehaltung, Kassel NH

Arion intermedius (Normand 1852)
Kleine Wegschnecke

Verbreitungstyp: westeuropäisch.

Körpergröße: ausgestreckt ca. 2 cm lang.

Beschreibung: Die sehr kleine *A. intermedius* ist von mehr gedrungener Gestalt und in der Regel graugelb bis weiß, wobei auch andere Farbschattierungen möglich sind. Kopf und Fühler haben eine dunkelgraue bis schwarze Färbung. Meist befindet sich auf den Seiten des Körpers und des Mantelschildes eine schwache verwaschene Binde. Der Fußsaum ist gelblichgrau bis gelb mit einer darüber verlaufenden Einzelreihe von weißen Runzeln. Im gestreckten Zustand ist *A. intermedius* aufgrund der Färbung leicht mit jungen *A. ater* zu verwechseln, jedoch nimmt sie in kontrahiertem (zusammengezogenem) Zustand eine charakteristisch stachelige Gestalt an, da die Runzeln zu kleinen perlartigen Knöpfchen anschwellen. Im gestreckten Zustand verschwinden sie dann wieder. Die Fußsohle und der Körperschleim sind gelb.

Habitat: *A. intermedius* ist in verschiedenen Biotopen anzutreffen. Sie besiedelt Wälder, Gebüsche, Heckenraine, Gärten und auch Wiesen, wo sie sich unter Laub und totem Holz aufhält. Aufgrund ihrer Kleinheit wird sie jedoch leicht übersehen.

Biologie: Die ellipsoidisch geformten Eier messen 2,0 bis 2,4 mm x 1,4 bis 1,8 mm und sind undurchsichtig milchweiß. Sie werden versteckt unter Moos lose beieinanderliegend zu 3 bis 10 Stück abgelegt. Mit steigender Eizahl werden die einzelnen Eier kleiner und umgekehrt. Nach ca. 17 bis 30 Tagen Entwicklungszeit schlüpfen die Jungen aus den Eiern. *A. intermedius* wird ca. 1 Jahr alt.

Verbreitung: *A. intermedius* kommt in fast allen mitteleuropäischen Ländern vor. In Deutschland hauptsächlich im Nordwesten, im Süden nur zerstreut vorkommend.

Arion intermedius, Raßdorf NH
Arion intermedius in Ruhehaltung, Kassel NH

Familie Vitrinidae
Glasschnecken

Die Familie umfaßt Arten mit dünnwandigen, glänzenden aus wenigen Umgängen bestehenden, sich stark erweiternden Gehäusen, die bei den meisten Arten den Weichkörper nicht mehr aufnehmen können. Von den in Deutschland vorkommenden 10, meist sehr seltenen Arten, werden die 2 häufigsten beschrieben.

Vitrina pellucida (O. F. Müller 1774)
Kugelige Glasschnecke

(= **Helicolimax pellucidus** [O. F. Müller]
= **Phenacolimax pellucidus** [O. F. Müller])

Verbreitungstyp: holarktisch.

Gehäusegröße: Breite 4,5 bis 6 mm.

Beschreibung: Das dünnwandige, durchsichtige Gehäuse mit 3 bis 3½ gleichmäßig rasch ansteigenden, schwach gewölbten Umgängen ist von gedrückt kugeliger Gestalt. Der letzte Umgang fällt zur Mündung hin ab. Die Mündung ist schräg, kurz elliptisch bis rundlich und der Mundsaum scharf ausgebildet und nur mit einer schmalen Basalhaut ausgestattet. Das fast glatt erscheinende Gehäuse ist unregelmäßig schwach gestreift, hochglänzend und von glasiger oder grünlicher Färbung. Die variable Körperfärbung des Tieres bewegt sich zwischen hellgrau und stark dunkelgrau. Im Gegensatz zur folgenden Art hat sie nur einen kleinen Mantellappen und kann den Körper noch im Gehäuse verbergen.

Habitat: *V. pellucida* kommt an mäßig feuchten Standorten in Wäldern, auf Wiesen und Kulturgelände, aber auch an trockeneren Standorten wie auf Dünen, zwischen Felsen und auf Grasfluren vor. In den Alpen kommt sie bis in einer Höhe von 3000 m ü. NN vor.

Biologie: Im Oktober wird mit der bis in die Wintermonate reichenden Legeperiode begonnen. Nachts werden pro Gelege 6 bis 8 undurchsichtige, schmutzigweiß gefärbte Eier abgelegt. Die Größe beträgt bei eirunder Gestalt 0,9 bis 1,0 mm x 1,1 bis 1,2 mm. Die Jungen schlüpfen im Februar/März und beginnen ihr unterirdisches Leben im Boden, um erst im Herbst an der Oberfläche zu erscheinen. *V. pellucida* ist eine sehr kälteunempfindliche Art, die in milden Wintern selbst

Vitrina pellucida, Kassel NH
Vitrina pellucida, Gehäuse

bei geringer Schneelage umherkriecht und bis in den Januar, vereinzelt auch noch im Februar, zu beobachten ist. Dann sterben die Tiere im Alter von knapp 1 Jahr ab. Die Nahrung besteht aus welken Blättern und abgestorbenen Pflanzenteilen.

Verbreitung: In ganz Europa.

Eucobresia diaphana (Draparnaud 1805) Ohrförmige Glasschnecke

(= **Helicolimax diaphana** [Draparnaud]
= **Phenacolimax diaphanus** [Draparnaud])

Verbreitungstyp: alpin und mitteleuropäisch.

Gehäusegröße: Breite 6 bis 6,5 mm.

Beschreibung: Das Gehäuse unterscheidet sich von dem der vorangegangenen Art durch die ausgesprochen flache und ohrförmige Gestalt. Es besitzt 2¼ sehr dünne, durchsichtige und im frischen Zustand grünlich glänzende Umgänge, wobei der letzte Umgang etwas mehr als die Hälfte der größten Gehäusebreite einnimmt. Der basale Hautsaum ist etwa ⅓ bis ½ so breit wie der Umgang zu dem er gehört, wobei er zum Außenrand der Mündung hin allmählich schmäler wird. Die Gehäuseoberfläche ist unregelmäßig, kaum wahrnehmbar, zur Naht hin etwas deutlicher gestreift, mit dem Auge jedoch glatt erscheinend. Der Mantel ist dunkelgrau, der Weichkörper grau und nicht mehr in das Gehäuse zurückziehbar. Im Gegensatz zu *V. pellucida* ist der Mantellappen breit ausgebildet und bedeckt beim kriechenden Tier das Gewinde vollständig.

Habitat: *E. diaphana* hält sich am Boden zwischen vermoderten Pflanzenteilen auf. Sie lebt an kühlen, mäßig feuchten bis sehr feuchten Standorten, von der Ebene bis ins Gebirge (Höhenverbreitung 300 bis 2800 m ü. NN), wo sie in Wäldern und in krautigen Pflanzenbeständen am Rande von Gewässern vorkommt.

Verbreitung: Diese Art ist in Mitteleuropa weit verbreitet. In Frankreich südlich der Linie französische Ostpyrenäen und Westalpen allgemein vorkommend, weiterhin in Ostfrankreich und östliches Belgien. In Deutschland erstreckt sich die Verbreitung vorwiegend über Süd- und Mitteldeutschland, in der Norddeutschen Tiefebene mit nur spärlichen verstreuten Vorkommen. Weiterhin zieht sich die Verbreitung über die Schweiz, Österreich (hier mit größeren Verbreitungslücken im Bereich des Inntales, Donautales und Murtales) und der Westtschechoslowakei.

Anmerkung: Auch diese Art ist an milden Wintertagen aktiv.

Eucobresia diaphana, Kassel NH
Eucobresia diaphana, Gehäuse

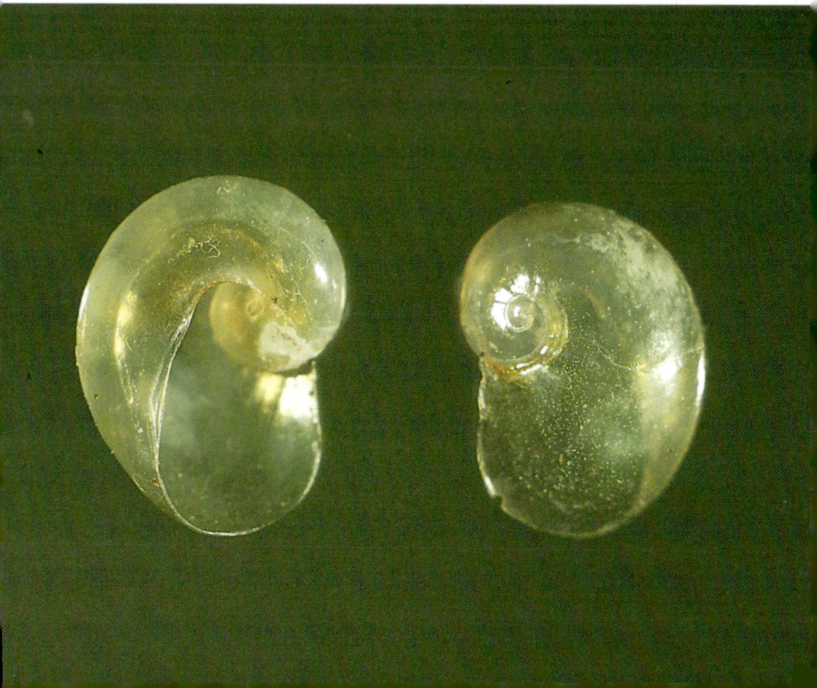

Familie Zonitidae
Glanzschnecken

Zur Familie der Zonitiden gehören vorwiegend kleine bis mittelgroße Mollusken deren Gehäuse durch scheibenförmiges Aussehen geprägt ist. Die glänzenden Gehäuse sind in der Regel dünnwandig, farblos glasig oder farbig durchscheinend und bekommen nach dem Tod des Tieres ein weißliches undurchsichtiges opakes Aussehen. Die Naht ist flach, der Mundsaum dünn und nie umgebogen.
Die Tiere leben bevorzugt in feuchten Lebensräumen und sind in Wäldern unter Laub, Steinen, totem vermoderndem Holz, aber auch zwischen Geröll oder durch Verschleppung in Gärten und feuchten Kellern zu finden. Einige Arten ernähren sich teilweise carnivor und überfallen andere Schneckenarten.
Die Bestimmung der einzelnen Arten ist nicht einfach, insbesondere wenn junge unausgewachsene Exemplare oder alte ausgeblichene Gehäuse vorliegen. Bei der Gattung *Aegopinella* ist eine Unterscheidung von sehr nahverwandten Arten nur durch eine Sektion der Geschlechtsorgane sicher möglich.

Unterfamilie Zonitinae

Die Unterfamilie Zonitinae ist mit 5 Gattungen in Deutschland vertreten, von denen hier 12 Arten behandelt werden.

1. **Vitrea:** Mollusken mit kleinem (ca. 2,5 bis 4 mm Breite) eng aufgewundenem, glasig durchscheinendem farblosem Gehäuse.
2. **Aegopis:** Nur mit 1 Art (*A. verticillus*) im Gebiet vertreten, sind sie mit ihren großen Gehäusen (über 25 mm Breite) die größten Vertreter der Unterfamilie.
3. **Aegopinella:** Mollusken mit kleinem bis mittelgroßem (ca. 3,5 bis 12 mm Breite) Gehäuse, bei denen das letzte Viertel des Umganges im Bereich der Mündung mehr oder weniger stark erweitert ist. Die Gehäuse sind schwach braun bis rötlichbraun gefärbt und auf der Gehäuseoberfläche durch feine Spiralstreifen gekennzeichnet.
4. **Nesovitrea:** Das grünliche, gelbliche oder farblose Gehäuse dieser Gattung erreicht eine Breite von ca. 3,5 bis 5 mm und ist durch charakteristische, deutlich sichtbare, gleichmäßig angeordnete Radiärlinien auf den sich rasch erweiternden Umgängen gekennzeichnet.

Aegopis verticillus, mit seltener heller Körperfärbung, Ruine Altfinkenstein K.Ö
Aegopis verticillus, charakteristische Gehäusestruktur

5. **Oxychilus:** Die Gattung enthält mittelgroße (ca. 5 bis 15 mm Breite) Mollusken mit einem flachen scheibenförmigen Gehäuse und kaum erhobenem (außer *O. glaber*) Gewinde. Die glänzenden, sich regelmäßig erweiternden Umgänge sind nicht durch Streifen oder andere deutliche Strukturen gekennzeichnet.

Vitrea diaphana (Studer 1820) **Ungenabelte Kristallschnecke**

Verbreitungstyp: karpatisch-alpin, nordbalkanisch.

Gehäusegröße: Breite 3,7 bis 4,2 mm.

Beschreibung: Das scheibenförmige und durch das flache Gewinde nur schwach gewölbte Gehäuse, besitzt 5½ bis 6 eng aufgewundene, regelmäßig jedoch allmählich zunehmende Umgänge. Im Bereich der Mündung erreicht der letzte Umgang fast die doppelte Breite des vorletzten Umganges. Der Nabel ist geschlossen und häufig vom umgeschlagenen, verkürzten und callös verdickten Spindelrand bedeckt. Die Gehäuseoberfläche des dünnwandigen Gehäuses ist fast vollkommen glatt und nur im Bereich der Naht etwas stärker gestreift. Wie bei den beiden folgenden Arten ist das glänzende Gehäuse meist farblos und im frischen Zustand durch ein glasiges und transparentes Aussehen gekennzeichnet.

Habitat: *V. diaphana* lebt an mäßig feuchten Standorten der Berg- und Hügelländer, wo sie sich zwischen Felsen und Geröll der Bergwälder und unter totem Laub und vermoderndem Holz aufhält. Am leichtesten läßt sie sich durch Umdrehen von Totholzstücken finden, auf deren Unterseite sie öfter zu mehreren Exemplaren sitzt.

Verbreitung: Das Verbreitungsgebiet erstreckt sich über Südpolen, die Tschechoslowakei (zum Teil verstreut) von hier nach Ungarn einstrahlend, Österreich mit Verbreitungslücken, die Schweiz und Deutschland. In Deutschland außer im Norden verbreitet, jedoch nicht sehr häufig. Die Verbreitungsgrenze zieht sich im Norden vom Harz über den Teutoburger Wald nach Westen zum rechtsrheinischen Schiefergebirge. Die Verbreitungsgrenze nach Westen deckt sich in etwa mit dem Verlauf des Rheines.

Vitrea diaphana, Gehäuse

Vitrea crystallina (O. F. Müller 1774)
Gemeine Kristallschnecke

Verbreitungstyp: europäisch.

Gehäusegröße: Breite 3 bis 4 mm.

Beschreibung: Das Gehäuse mit 4½ bis 5 mäßig gewölbten und regelmäßig zunehmenden Umgängen ist von scheibenförmig gedrungener Gestalt, mit konisch leicht gewölbtem Gewinde. Auf der Gehäuseoberfläche des durchsichtigen, glasig farblosen Gehäuses befindet sich eine sehr feine unregelmäßige Streifung, die im Bereich der Naht deutlicher (Lupe) zu sehen ist. Gelegentlich treten grünliche Gehäuse auf. Bei ausgewachsenen Exemplaren ist der Mundsaum durch eine etwas zurückliegende, schwache, weißliche Lippe verstärkt. Der enge, trichterförmige Nabel erweitert sich leicht exzentrisch im Bereich des letzten Umganges.
Rücken und Fühler des Weichkörpers sind von gräulicher Färbung, die sich zur weißen Sohle hin aufhellt. Beim kriechenden Tier scheint auf der Nabelseite der an dieser Stelle gelb gepunktete Körper durch das Gehäuse.

Habitat: *V. crystallina* bewohnt die verschiedensten Lebensräume, ist aber am häufigsten in feuchten Biotopen, wie nassen Bruchwäldern, Sümpfen, Quellfluren und auf feuchten Wiesen zu finden, wo sie sich in der Humus- und Laubschicht oder unter abgestorbenen Pflanzenresten aufhält.

Verbreitung: In West- und Mitteleuropa überall. In Nordeuropa erstreckt sich die Verbreitung in Norwegen bis zu 65° N und in Schweden bis zu 61° N. Auch in Deutschland ist diese Art allgemein verbreitet und häufig, fehlt jedoch in trockenen Gebieten.

Vitrea crystallina, Kassel NH
Vitrea crystallina, Gehäuse

Vitrea contracta (Westerlund 1871) **Weitgenabelte Kristallschnecke**

(= **V. crystallina** var. **contracta** [Westerlund])

Verbreitungstyp: westpalaearktisch.

Gehäusegröße: Breite 2,5 mm.

Beschreibung: Das Gehäuse von *V. contracta* ähnelt sehr dem von *V. crystallina,* ist jedoch kleiner, gedrückter, mit schwächer gewölbtem Gewinde und besitzt 4½ eng aufgewundene, langsam anwachsende, mäßig gewölbte Umgänge. Der letzte Umgang ist stark gedrückt, an der Unterseite auffallend flach und im Mündungsbereich nur knapp 1½ mal so breit wie der vorletzte Umgang. Die Gehäuseoberfläche ist fein und unregelmäßig gestreift, das Gehäuse glasig durchscheinend und im frischen Zustand weißlich gefleckt. Im Gegensatz zu *V. crystallina* ist der Nabel nicht exzentrisch, sondern tief bohrlochförmig ausgebildet und auch der Mundsaum ist durch keine Lippe verstärkt.

Habitat: Feuchte kühle Schluchten und sumpfige Erlenbrüche sind der Lebensraum von *V. contracta.* Hier finden wir sie unter verrottendem Laub, im lockeren Erdreich, oder in Erdlöchern und Erdspalten wo sie selbst im Winter aktiv bleiben.

Verbreitung: Wie die vorangegangene Art ist auch *V. contracta* in West- und Mitteleuropa allgemein verbreitet. Auch im Norden deckt sich das Verbreitungsgebiet im großen und ganzen mit dem der vorangegangenen Art und kommt zusätzlich auch im Küstenbereich von Südfinnland vor. In Deutschland weit verbreitet, jedoch gelegentlich fehlend.

Vitrea contracta, Gehäuse

❹ **Aegopis verticillus** (Ferussac, 1822) **Riesenglanzschnecke**

Verbreitungstyp: Ostalpin-dinarisch.

Gehäusegröße: Breite 26 bis 30 mm.

Beschreibung: Das Gehäuse von *A. verticillus* hebt sich durch seine Größe klar von den anderen in Deutschland vorkommenden Glanzschnecken ab. Die 6 bis 6½ auf der Oberseite gerundeten Umgänge des niedergedrückten, stumpfkonischen Gehäuses nehmen langsam und regelmäßig zu. Die ersten 4 Umgänge sind an der Peripherie zu einem scharfen Kiel ausgebildet, während der letzte Umgang an der Peripherie gerundet ist. Das verhältnismäßig dickwandige Gehäuse ist nur schwach durchscheinend und besitzt auf seiner Oberseite eine gegitterte Struktur, bestehend aus fast regelmäßigen, fadenförmigen Rippenstreifen, die von feinen Spirallinien gekreuzt werden. Diese Gitterung geht an der Peripherie plötzlich in die glatte, glänzende Unterseite über. Die schwach grünlichgelbe oder hell hornfarbene Gehäusefärbung wird von 5 bis 6 braungesäumten, gelben Ringbinden, welche die einzelnen Wachstumsphasen markieren, unterteilt. An gleicher Stelle der Ringbinden befindet sich an der Gehäuseinnenseite eine flache weißliche Lippe. Der breite, offene Nabel ist tief und von fast zylindrischer Form und nimmt etwa ⅕ der Gehäusebreite ein.

Habitat: Der bevorzugte Lebensraum von *A. verticillus* sind feuchte Wälder und Gebüsche, wo sie unter totem Laub, Holz, Trümmergestein und Geröll zu finden ist. Gelegentlich graben sich die Tiere etwas in die Erde ein. Die Höhenverbreitung erstreckt sich vorwiegend auf mittlere Höhenlagen von 200 bis 1000 m ü. NN und geht max. bis 2200 m ü. NN.

Verbreitung: Die Hauptverbreitung erstreckt sich über Österreich, (außer Westösterreich) und Westungarn. In der Tschechoslowakei verstreut in Böhmen und Mähren vorkommend. Die Vorkommen in Deutschland in den Kalkalpen Südostbayerns und im südlichen Bayerischen Wald, bilden die nördliche Verbreitungsgrenze.
Während der letzten Zwischeneiszeit (Interglazial) reichte die Verbreitung weit nach Mittel- und Westdeutschland, was durch fossile Funde in Kalktuffen z. B.: im schwäbischen und fränkischen Jura, der Eifel, in Thüringen oder dem nördlichen Harzvorland belegt ist.

Aegopis verticillus, Ruine Altfinkenstein K.Ö
Aegopis verticillus, Gehäuse

Aegopinella pura (Adler 1830)
Kleine Glanzschnecke

(= **Retinella pura** [Adler])

Verbreitungstyp: europäisch.

Gehäusegröße: Breite 3,5 bis 5,0 mm.

Beschreibung: *A. pura* besitzt ein dünnwandiges, gedrücktes Gehäuse mit wenig erhobenem Gewinde und 3½ leicht gewölbten sich langsam und gleichmäßig erweiternden Umgängen, wobei das letzte Umgangsviertel gegenüber den vorangegangenen kaum erweitert ist. Das Gehäuse ist transparent, öfter jedoch auch rötlich hornfarben und schwach glänzend. Bei ca. 50facher Vergrößerung sind auf der Gehäuseoberfläche feine unregelmäßige Streifen, die von unterbrochenen Spirallinien gekreuzt werden, zu sehen. Der leicht exzentrische Nabel ist perspektivisch weit und bedeckt fast ¼ der Gehäusebreite. Gegenüber den Gehäusen anderer *Aegopinella*-Arten, besonders deren Jungtieren, unterscheidet sich das Gehäuse von *A. pura* durch die engere Aufwindung der ersten Umgänge. Der Weichkörper ist hellgrau, Kopf und Fühler sind dunkelgrau gefärbt.

Habitat: *A. pura* bewohnt mäßig feuchte Wälder, Gebüsche und Feldgehölze. Hier siedelt sie in der Humus- und Laubschicht, ist aber auch unter Totholz zu finden. Im Gebirge findet sie sich auch in den Grasbändern der Felswände.

Verbreitung: Sie ist in ganz Europa weit verbreitet und außer in Trokkengebieten fast überall zu finden. In Skandinavien erstreckt sich die Verbreitung vorwiegend entlang der Küsten bis fast zum Polarkreis.

Aegopinella pura, Kassel NH
Aegopinella pura, Gehäuse

Aegopinella nitens (Michaud 1831) **Weitmündige Glanzschnecke**

(= **Retinella nitens** [Michaud])

Verbreitungstyp: alpin mitteleuropäisch.

Gehäusegröße: Breite 8 bis 11 mm.

Beschreibung: Das mattglänzende Gehäuse der *A. nitens* besitzt 4½ bis max. 5 sich gleichmäßig erweiternde Umgänge. Das letzte Umgangsviertel ist zur eiförmigen Mündung hin stark erweitert und im Mündungsbereich nach unten schwach dachförmig abgesenkt. Die hell hornbraune oder grünlichbraune Gehäuseoberfläche ist, wie auch bei der folgenden Art, gelegentlich korodiert und erscheint dadurch flekkig. Auf der Unterseite ist das Gehäuse um den deutlich exzentrischen Nabel von weißlicher Färbung. Rücken, Kopf und Fühler des Weichkörpers sind von blauschwarzer, und zur fast milchweißen Sohle hin heller werdender Färbung.
Anatomisch unterscheidet sich *A. nitens* gegenüber der folgenden Art durch einen großen, breiten Penis, der durch eine Einschnürung in 2 Abschnitte gegliedert wird, wobei es sich am oberen Ende auf Höhe der Penisretraktormuskelansatzstelle abrupt verjüngt. (s. auch S. 66)

Habitat: *A. nitens* bewohnt mäßig feuchte Standorte der Gebirge, wo sie versteckt unter Laub und Steinen in Wäldern oder zwischen Felsen lebt. Als widerstandsfähige Art ist sie auch auf lockerbödigen Trockenstandorten zu finden, wenn ausreichende Schlupfwinkel und Deckung vorhanden sind.

Biologie: Als Nahrung werden welke Pflanzenteile, jedoch auch tierische Nahrung aufgenommen, wobei diese aus Vitrinen und Clausilien bestehen soll. Die Eiablage findet im November statt, worauf kurze Zeit später die Tiere sterben.

Verbreitung: Von Ostfrankreich über die Schweiz nach Österreich und über die gesamte Tschechoslowakei. Von hier auch nach Polen einstrahlend (Tatra und Oberschlesien). Vereinzelte Vorkommen außerhalb des Verbreitungsgebietes (Verschleppung?) in Belgien und den Niederlanden. In Deutschland in allen mittel- und süddeutschen Bergländern verbreitet. Die Nordgrenze der Verbreitung befindet sich auf der Linie Ostharz, Leinegebiet und Teutoburger Wald.

Aegopinella nitens, Schartenberg bei Zierenberg NH
Aegopinella nitens, Gehäuse

Aegopinella nitidula (Draparnaud 1805) **Rötliche Glanzschnecke**

(= **Retinella nitidula** [Draparnaud])

Verbreitungstyp: nordwesteuropäisch.

Gehäusegröße: Breite 8 bis 10 mm.

Beschreibung: Das mehr oder weniger durchscheinende, ziemlich festwandige Gehäuse von *A. nitidula* besitzt 4¼ mäßig gewölbte und von einer Naht deutlich getrennte Umgänge. Der letzte Umgang erweitert sich auf dem letzten Umgangsviertel merklich, jedoch nie so stark wie bei *A. nitens* deren Gehäuse im Grundaufbau dem von *A. nitidula* sehr ähnlich ist. Die Gehäuseoberseite ist blaßgelblichbraun bis rötlichbernsteinfarben, während die Unterseite um den weiten, schwach exzentrischen Nabel milchig opak gefärbt ist. Auch bei dieser Art werden die feinen Streifen der Gehäuseoberfläche wie bei *A. pura* von zarten Spirallinien gekreuzt (nur bei hoher Vergrößerung zu sehen), jedoch sind diese weniger deutlich ausgebildet.
Anatomische Unterschiede zur vorangegangenen Art bestehen in einem verhältnismäßig kleinen, nicht untergliederten Penis, der sich allmählich verjüngt. (s. hierzu S. 66)

Habitat: *A. nitidula* lebt an mäßig feuchten Standorten in Wäldern, Hecken, Gebüschen und krautigen Pflanzengesellschaften. Dort findet man die versteckt lebenden Tiere unter totem Laub oder abgestorbenen Pflanzenteilen.

Biologie: Die Eiablage erfolgt unter Moos und feuchtem Pflanzenmaterial. Ein Gelege enthält zwischen 6 und 9 kalkweiße Eier mit einem Durchmesser von 1,1 bis 1,4 mm. Frischgeschlüpfte Jungtiere sind fast farblos und besitzen ein glänzendmilchweißes Gehäuse von 1,3 bis 1,4 mm Breite, welches sich erst nach Beginn des 2. Umganges bräunlich färbt. Die Ernährungsweise gleicht der vorangegangen Art. Die tierische Nahrung besteht aus Aas (toten Würmern und Insekten) und lebenden Enchytraeen, Nackt- und Gehäuseschnecken. Bei den Nacktschnecken werden nur junge Exemplare, die kleiner als *A. nitidula* sind erfolgreich angegriffen, überwältigt und gefressen.

Verbreitung: Das Gebiet erstreckt sich über Nord- und Westfrankreich, Belgien, die Niederlande, die Britischen Inseln, Deutschland und Polen. In Skandinavien außer Dänemark und Südschweden, vorwiegend entlang der Küsten. In Deutschland im Süden fehlend.

Aegopinella nitidula, Kassel NH
Aegopinella nitidula, Gehäuse

Nesovitrea hammonis (Ström 1765)
Streifen-Glanzschnecke

(= **Retinella radiatula** [Adler] = **Perpolita radiatula** [Adler])

Verbreitungstyp: palaearktisch.

Gehäusegröße: Breite 3,5 bis 4,2 mm.

Beschreibung: Die 3½ bis 4 schwach gewölbten, rasch zunehmenden Umgänge werden durch eine flache Naht voneinander getrennt. Die schief nach außen und unten zeigende elliptische Mündung hat einen sehr schwach gelippten, zerbrechlichen dünnen Mundsaum. Bedingt durch das flachkonische Gewinde, erhält das Gehäuse ein gedrücktes Aussehen. Der Nabel ist verhältnismäßig weit und trichterförmig und besonders auf dem letzten Umgang ein wenig exzentrisch erweitert. Auf der glänzenden Gehäuseoberfläche befinden sich für diese Art charakteristische gut ausgebildete, regelmäßige Radiärlinien. Die Unterseite ist glatt. Das Gehäuse ist durchscheinend und in der Regel von schwach brauner Färbung, gelegentlich auch farblos oder grünlich. Der Weichkörper, Kopf und Fühler des Tieres sind von blaugräulicher Färbung die zur Fußsohle hin etwas heller wird.

Habitat: *N. hammonis* ist eine gesteinsindifferente Art die feuchte, gelegentlich auch etwas trockenere Standorte jeglicher Art, von der Ebene bis ins Gebirge besiedelt. So ist sie in Laub- und Nadelwäldern, in Sümpfen und auf feuchten Wiesen unter totem Laub oder abgestorbenen Pflanzenteilen zu finden.

Verbreitung: Über ganz Mittel- und Nordeuropa wo sie allgemein verbreitet und oft recht häufig ist. In trockeneren Gebieten sowie im Süden verstreuter und seltener werdend.

Nesovitrea hammonis, Kassel NH
Nesovitrea hammonis, Gehäuse

Oxychilus alliarius (Miller 1822)
Knoblauch-Glanzschnecke

Verbreitungstyp: westeuropäisch.

Gehäusegröße: 5,5 bis 7 mm.

Beschreibung: Die 4 bis 4½ leicht gewölbten, durchscheinenden Umgänge werden von einer rinnig ausgebildeten Naht voneinander getrennt. Während die ersten Umgänge allmählich zunehmen, erweitert sich der letzte halbe Umgang rasch, wobei er im Mündungsbereich oft leicht gedrückt und abgesenkt ist. Das Gewinde ist leicht erhaben und die glänzende Gehäuseoberfläche mit stumpfen Streifen versehen. Die Gehäusefärbung ist gelblichbraun bis rötlichbraun oder grünlich und um den verhältnismäßig weiten, exzentrischen Nabel weißlich opak. Der Weichkörper ist dunkelblaugrau, so daß das Gehäuse dunkler erscheint.
Ein charakteristisches Bestimmungsmerkmal, ist der starke Knoblauchduft den die Schnecke bei Reizung verströmt.

Habitat: Der Lebensraum von *O. alliarius* sind lichte Laubwälder und feuchte Erlengebüsche. Hier führt sie eine versteckte Lebensweise zwischen den Laubschichten und unter abgestorbenen vermodernden Pflanzenteilen. Gelegentlich ist sie auch unter vermoderndem Holz zu finden.

Biologie: Über die Biologie dieser Art ist noch nicht allzuviel bekannt. Die milchweißen Eier sind ellipsoidisch geformt und messen 1,2 bis 1,4 mm x 0,7 bis 0,9 mm. Die Ernährungsweise gleicht der von *O. draparnaudi.*

Verbreitung: In Nordwesteuropa allgemein verbreitet. In Deutschland vorwiegend in Mittel- und Norddeutschland. Die südlichste Verbreitungsgrenze verläuft ungefähr auf der Linie Schwarzwald/Thüringer Wald.

Oxychilus alliarius, Kassel NH
Oxychilus alliarius, Gehäuse

Oxychilus cellarius (O. F. Müller 1774)
Keller-Glanzschnecke

Verbreitungstyp: west- und mitteleuropäisch.

Gehäusegröße: Breite 9 bis 12 mm.

Beschreibung: Das scheibenförmige Gehäuse mit flachgedrücktem Gewinde besitzt 5½ bis 6 Umgänge, die von einer flachen, jedoch oft rinnenförmig erscheinenden Naht getrennt werden. Die Umgänge nehmen langsam und regelmäßig bis zur Mündung zu, dadurch ist die Endwindung auf dem letzten Viertel schmaler als bei *O. draparnaudi*, wobei der letzte Umgang an der Mündung die doppelte Breite des vorletzten erreicht. Der Nabel ist symmetrisch, trichterförmig und offen ausgebildet. Das durchscheinende, stark glänzende und graugelbliche Gehäuse ist schwach und kaum wahrnehmbar gestreift.
Der Weichkörper des Tieres ist in der Regel schwach bläulichgrau, wobei auch dunklere Exemplare auftreten können.

Habitat: *O. cellarius* ist von der Ebene bis ins Gebirge anzutreffen. Sie bewohnt feuchte schattige Biotope jeglicher Art und ist in Wäldern, Gebüschen, Gärten und zwischen Felsen zu finden. Aber auch verhältnismäßig trockene Biotope wie Feldgehölze und Hecken werden besiedelt. Nicht selten bewohnt diese Art auch Höhlen und ist auch in feuchten Kellern anzutreffen. In den Wäldern und Gebüschen halten sich die Tiere unter totem Laub, moderndem Holz oder zwischen bewachsenem Steingeröll auf.

Verbreitung: Mit Ausnahme Ungarns in ganz Mitteleuropa.

Oxychilus cellarius, Kassel NH
Oxychilus cellarius, Gehäuse

Oxychilus draparnaudi (Beck 1837)
Große Glanzschnecke

(= **O. draparnaudi** [Beck] = **O. lucidus** [Draparnaud])

Verbreitungstyp: westmediterran und westeuropäisch.

Gehäusegröße: Breite 11 bis 16 mm.

Beschreibung: Das flache, scheibenförmige Gehäuse besitzt 5½ bis 6 Umgänge mit leicht erhobenem Gewinde. Der sich auf der letzten Windung rasch erweiternde Umgang senkt sich auf dem letzten Viertel zur Mündung hin leicht ab. Die Mündungsöffnung ist elliptisch geformt, der Rand scharfkantig. Die Gehäuseoberfläche ist unregelmäßig schwach gestreift, mäßig glänzend bräunlich oder hellhornfarben, schwach durchscheinend, wobei die Unterseite um den perspektivisch offenen Nabel in der Regel weißlich opak ist. Der durchscheinende Körper des dunkelschieferblauen Tieres, läßt das Gehäuse von lebenden Tieren dunkler erscheinen.

Habitat: *O. draparnaudi* lebt in Wäldern und Gärten. Als eine an den Boden gebundene Art, bewohnt sie vornehmlich feuchte und geschützte Örtlichkeiten. So finden wir sie in den Wäldern unter feuchten Laubschichten, moosbewachsenen Steinen und vermodertem Holz. In Gärten unter Gartenabfällen, mit denen sie auch verschleppt wird, feuchten Brettern, jedoch auch in Gewächshäusern (besonders in Nordeuropa).

Biologie: Im Alter von 8 bis 9 Monaten wird *O. draparnaudi* geschlechtsreif. Nach der Paarung beginnen die Tiere im Juli/August mit der Eiablage, die sich bis in den Winter hineinzieht. Das einzelne Gelege enthält 3 bis 10, max. 18 milchweiße Eier mit einem Durchmesser von 1,4 bis 1,7 mm. In einer Legeperiode werden ca. 70 Eier produziert. Die Nahrung besteht aus frischen Kräutern und tierischer Kost, wobei vorwiegend junge Nacktschnecken und junge Cepaeen bis zu einer Gehäusegröße von 10 mm überfallen und aufgefressen werden. Die Lebenserwartung von *O. draparnaudi* beträgt ca. 2 Jahre.

Verbreitung: Die Verbreitung erstreckt sich über Südwesteuropa, wo sie in der Schweiz, in Frankreich, Südirland und Südwestengland in natürlichen Habitaten vorkommt. In den anderen Ländern sowie in Deutschland vorwiegend in Gärten oder auf Kulturgelände, wobei in Osteuropa die Verbreitung oft von punktuellem Charakter ist.

Oxychilus draparnaudi, Kassel NH
Oxychilus draparnaudi, Gehäuse

Oxychilus mortilleti (L. Pfeiffer 1859)
(= **O. villae** [Strobel])

Verbreitungstyp: südalpin.

Gehäusegröße: Breite 12 bis 14 mm.

Beschreibung: Das Gehäuse von *O. mortilleti* gleicht in Form und Gestalt sehr dem von *O. cellarius,* ist jedoch größer und besitzt 6 bis 6½ mäßig gewölbte, langsam anwachsende Umgänge. Der letzte Umgang etwas breiter und gegenüber *O. cellarius* mit einer größeren, an der Peripherie mehr gerundeten Mündung. Auch die Gehäusefärbung ist etwas dunkler und in der Regel hellhornfarben bis schwach braun. Das Gewinde ist verhältnismäßig flach ausgebildet, kann aber auch ganz flach (plan) oder leicht erhoben sein. Der Nabel ist von perspektivischer Gestalt.
Der Weichkörper ist blauschwarz, die Fußsohle weißlich.

Habitat: Der Lebensraum von *O. mortilleti* ist vorwiegend von montaner Art, und liegt zwischen einer vertikalen Verbreitung von 390 bis 975 m ü. NN, wo feuchte, schattige Standorte bewohnt werden. Wir finden sie in Wäldern unter Steinen und zwischen moosbewachsenen Felsen und Geröll.

Biologie: Mit 11 bis 12 Monaten werden die Tiere geschlechtsreif, obwohl das Gehäuse noch nicht vollendet ist. Die Eiablage erfolgt von März bis Mai, wobei die Eier unter Moos abgelegt werden. Das Gelege enthält zwischen 2 bis 5 milchweiße, runde Eier mit einem Durchmesser von 1,4 mm. *O. mortilleti* frißt welke Pflanzenteile, benötigt jedoch um sich richtig entwickeln zu können Fleischnahrung. Vorwiegend kommen hier jüngere Gehäuse- und Nacktschnecken in Frage. Die Beutetiere werden von der Schnecke gebissen, wobei sie anscheinend mit einem lähmenden Gift in Berührung kommen. Zunächst kriechen sie noch ein Stück weiter um dann sitzen zu bleiben. Nun folgt ihr *O. mortilleti* und frißt sie vollkommen auf. Haben die angegriffenen Beutetiere eine gewisse Größe überschritten, so zeigt der Biß keine Wirkung mehr.

Verbreitung: *O. mortilleti* kommt in Mitteleuropa mit einem unzusammenhängenden Verbreitungsgebiet vor. In der Schweiz ein Verbreitungsareal im Süden, in Österreich im Süden und Westen, im Nordwesten der Tschechoslowakei und in Deutschland im Süden (Allgäuer und Berchtesgadener Alpen und zerstreut bis zum Altmühltal vordringend).

Oxychilus mortiletti, Presseggen K.Ö
Oxychilus mortiletti, Gehäuse

Oxychilus glaber (Rossmässler 1835)
Glatte Glanzschnecke

Verbreitungstyp: süd- und mitteleuropäisch.

Gehäusegröße: Breite 11 bis 14 mm.

Beschreibung: Die 5 bis 5½ schwach gewölbten Umgänge nehmen allmählich, jedoch gleichmäßig zu und sind auch an der Mündung nicht erweitert. Das Gewinde ist gewölbt, flach konisch und erhaben, der Nabel symmetrisch ausgebildet, eng und tief. Auf der Oberseite ist das stark glänzende und durchscheinende Gehäuse bräunlichgelb und auf der Unterseite weißlich gefleckt. Der Weichkörper des Tieres ist dunkelblaugrau. Auffallend sind beim kriechenden Tier die langen oberen Fühler.

Habitat: *O. glaber* lebt an feuchten Stellen im Fallaub, zwischen bemoosten Geröllhalden sowie unter Steinen und Holz.

Biologie: *O. glaber* ernährt sich sowohl von frischen und welkenden Pflanzenteilen wie von lebenden und toten Tieren. Als tierische Nahrung dienen Gehäuseschnecken der Gattung *Succinea, Cepaea* und *Arianta.* Bei der Gattung *Cepaea* und *Arianta* insbesonders Jungtiere. Die Beute wird in der Regel von hinten oder von der Seite bekrochen. Aufgrund des Gewichtes, was nun auf dem Opfer lastet, zieht sich die Schnecke in ihr Gehäuse zurück. Obwohl sie nun schleimigen Schaum abgibt, folgt ihr *O. glaber* mit ihren schlanken Körper und frißt sie vollkommen auf.

Verbreitung: Die Hauptverbreitung erstreckt sich in Mitteleuropa über die Schweiz, Österreich, Ungarn, die Tschechoslowakei bis nach Polen. In Deutschland entlang des Alpenrandes, im Südwesten bis ins obere Rheintal vordringend, ansonsten noch ein isoliertes Verbreitungsgebiet im Fränkischen Jura.

Oxychilus glaber, Grenzacher Horn Bd-Wb
Oxychilus glaber, Gehäuse

Familie Zonitidae
Glanzschnecken

Zonites algirius (Linnaeus 1758)

Verbreitungstyp: mediterran.

Gehäusegröße: Breite 30 bis 50 mm.

Beschreibung: Das Gehäuse ist dem von *Aegopis verticillus* in Form und Oberflächenstruktur sehr ähnlich, jedoch wesentlich größer. Die 6 bis 7 regelmäßig zunehmenden, wenig gebogenen Umgänge sind schwach glänzend, auf der Gehäuseoberseite grünlichhornbraun und auf der Unterseite meist weißlich. Der Mundsaum ist einfach und scharf ausgebildet. Die Gehäuseoberfläche ist wie bei *A. verticillus* durch eine charakteristische Gitterstruktur, die plötzlich an der Peripherie endet, gekennzeichnet. Der Nabel ist tief, weit und symmetrisch ausgebildet und nimmt etwa ⅙ der Gehäusebreite ein.

Habitat: Die großen, sehr auffälligen leeren Schneckenhäuser machen auf das Vorkommen der in Wäldern und Olivenhainen, in Weinbergen und an Straßenrändern lebenden Art aufmerksam. Bei Trockenheit findet man die Tiere am ehesten in den Fugen alter Mauern oder unter größeren Steinplatten, aber auch unter wild abgelagertem Müll und Gartenabfällen in der Nähe von Siedlungen.

Verbreitung: *Z. algirius* ist eine gemeine mediterrane Art, die in Südfrankreich von den Seealpen westlich bis Herault verbreitet ist.

Zonites algirus, Mont Ventoux SF
Zonites algirus, Gehäuse

Familie Zonitidae

Unterfamilie Daudebardiinae
Raublungenschnecken

Die Unterfamilie Daudebardiinae kommt in der Gattung *Daudebardia* mit 2 Raublungenschnecken-Arten (*Daudebardia rufa* und *D. brevipes*) in Deutschland vor. Es handelt sich um nacktschneckenähnliche Tiere, deren Gehäuse zu einem kleinen Schälchen reduziert ist und dem hinteren Drittel des Schneckenkörpers aufsitzt. Der Schnecke selbst, (ausgenommen Jungtiere) bietet es nicht mehr genügend Platz, um sich darin zu verbergen. Die Daudebardien führen eine räuberische Lebensweise. In der Dunkelheit verlassen sie ihre Verstecke unter totem Holz, Laub oder Steinen und begeben sich auf die Jagd nach kleinen Würmern, Nacktschnecken und Insektenlarven. Selbst die eigenen Artgenossen und Gehäuseschnecken, wie *Cochlicopa lubrica, Vitrina pellucida, Aegopinella nitidula* werden nicht verschmäht. Beim Freßakt wird aus dem langgestreckten Vorderkörper, worin sich der große Schlundkopf befindet, die im Verhältnis zum Tier riesige, mit vielen Zähnen besetzte Radula (Zunge) herausgefahren und unter das Beutetier geschoben. Beim Zurückziehen der Radula wird die Beute von den Zähnen erfaßt und in den Schlund transportiert, wo sie verdaut wird. Bei größeren Beutetieren schaut oft ein Teil noch aus dem Schlund hervor, obwohl der andere Teil schon in Verdauung übergeht.

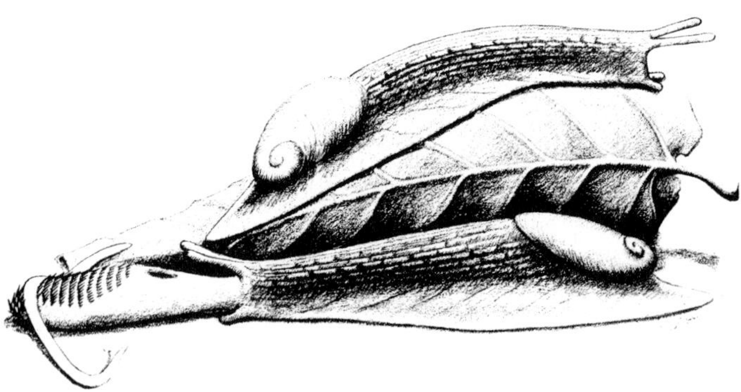

Daudebardia frißt Regenwurm

Gern halten sich die Daudebardien unter oder in der Nähe von vermoderndem Holz auf

❹ **Daudebardia rufa** (Draparnaud, 1805) Rötliche Daudebardie

Verbreitungstyp: mittel- und südeuropäisch.

Gehäusegröße: Breite 4 bis 6 mm.

Beschreibung: Das Gehäuse besitzt 2½ stark abgeflachte Umgänge und eine extrem erweiterte ohrförmige Endwindung. In Draufsicht gesehen erscheint die Peripherie gestreckt und fast gerade, selten jedoch auch schwach konkav. Der obere und untere Rand der ungleichseitigen Mündung verlaufen ziemlich parallel, so daß das Gehäuse einen langgestreckten Eindruck macht. Das Embryonalgehäuse ist von der Endwindung ganz umschlossen. Der Nabel ist eng und flach ausgebildet. Das schwachglänzende, dünnwandige Gehäuse ist gelblichbraun.
Der Weichkörper erreicht eine Länge von 17 bis 20 mm und kann nicht in das Gehäuse zurückgezogen werden. Die dunkle, bläulichgraue Färbung des Rückens, der Fühler und des Schwanzes löst sich in der Körpermitte in kleine Flecke auf. Der untere Teil bis zur gelblichen Sohle ist weißlichgrau. Die ganze Körperoberfläche, auch der weißlichgraue Bereich, ist mit kleinen feinen weißen Punkten (Lupe) gesprenkelt. Von der Gehäusemündung ausgehend ziehen sich 2 Längsfurchen parallel auf dem Rücken verlaufend bis zu den oberen Fühlern. Je eine weitere verläuft über jede Körperseite diagonal zur Fußsohle im Kopfbereich.

Habitat: Der Lebensraum von *D. rufa* sind vegetationsreiche Quellbiotope und feuchte bis sehr feuchte Wälder mit lockeren, durchlüfteten Böden der Berg- und Hügelländer. Aufgrund der versteckten, teilweise unterirdischen Lebensweise ist diese interessante Raubschnecke nur schwer zu finden. Nur während der kühlen Jahreszeit, Spätherbst, Frühjahr und an milden Wintertagen, ist die gegen Wärme und Trokkenheit empfindliche Schnecke außerhalb ihres unterirdischen Lebensraumes anzutreffen. Gern halten sie sich dann unter größeren, vermodernden Holzstücken mit entsprechend regenwurmreicher Humusunterlage auf. Meist findet man nur einzelne, selten 2 bis 3 Exemplare.

Biologie: Die Eiablage erstreckt sich über einen Zeitraum von ca. 20 Tagen und findet Ende März, Anfang April statt. Bei Legeabständen von 2 bis 5 Tagen können max. 80 Eier produziert werden, aus denen nach einer Entwicklungszeit von 30 bis 35 Tagen die Jungschnecken ausschlüpfen.

Verbreitung: In Deutschland vom Südwesten (Vorarlberg, Allgäu, Bodenseegebiet, Elsaß) nach Mitteldeutschland (Vogelsberg) nördlich übers Weserbergland bis zum Harz.

Daudebardia rufa, Kassel NH
Daudebardia rufa, Gehäuse

Daudebardia rufa, Jungtier in Ruhehaltung, Kassel NH

4 Daudedardia brevipes (Draparnaud 1805) Kleine Daudebardie

Verbreitungstyp: mittel- und südeuropäisch.

Gehäusegröße: Breite 4 bis 6 mm.

Beschreibung: Das Gehäuse gleicht sehr der vorangegangenen Art, ist jedoch etwas kleiner. Auch wird das Embryonalgehäuse nicht vollständig von der Endwindung umschlossen, sondern bildet ein kleines Stück der Peripherie. In Draufsicht gesehen ist die Peripherie des letzten Viertels der Endwindung deutlich konvex gestaltet, so daß die Gehäuseform einen ovalen Charakter erhält. Der Nabel ist etwas enger als bei *D. rufa* und wird vom Spindelrand zur Hälfte bedeckt.
Der Weichkörper gleicht dem von *D. rufa.*

Habitat: In den gleichen Lebensräumen wie *D. rufa* anzutreffen. Oft mit dieser Art vergesellschaftet, jedoch seltener vorkommend.

Verbreitung: Deckt sich mit der von *D. rufa,* jedoch nicht so weit nach Osten vordringend.

Daudebardia brevipes, Kassel NH
Daudebardia brevipes, Gehäuse

Familie Zonitidae

Unterfamilie Gastrodontinae

Zonitoides nitidus (O. F. Müller 1774)
Glänzende Dolchschnecke

Verbreitungstyp: holarktisch.

Gehäusegröße: Breite 6 bis 7 mm.

Beschreibung: Das transparente, dünnwandige Gehäuse besitzt 4½ schwach gewölbte und unregelmäßig gestreifte, langsam zunehmende Umgänge. Der verhältnismäßig weite Nabel nimmt ca. ⅕ der Gehäusebreite ein. Die Gehäusefärbung ist rotbraun, erscheint jedoch bei lebenden Tieren durch den durchscheinenden, sehr dunklen blaugrauen Körper schwarz. Charakteristisch für diese Art ist beim kriechenden Tier ein durchscheinender orangefarbener Fleck, etwas oberhalb des Mündungsrandes.

Habitat: Als feuchtigkeitsliebende Art ist *Z. nitidus* nur an den entsprechenden Örtlichkeiten zu finden. In den Wäldern bewohnt sie feuchte sumpfige Stellen, weiterhin Erlenbrüche, nasse Wiesen und die Uferbereiche der Gewässer. Auf nassen Wiesen verkriecht sich *Z. nitidus* in der trockenen Jahreszeit gern auf unter dem Boden aufliegenden Holzstücken (sofern vorhanden), so daß es an diesen zu Ansammlungen von mehreren Exemplaren kommt und sie dann leicht zu finden sind.

Biologie: Das Gelege von *Z. nitidus* enthält 2 bis 9 kugelige Eier, mit einem Durchmesser von 1,0 bis 1,6 mm. Die Entwicklungszeit beträgt 21 bis 27 Tage. Das Gehäuse der geschlüpften Jungtiere besitzt 1½ Umgänge und ist 1,0 bis 1,2 mm groß. Als Nahrung dienen dieser Art faulende, modernde Pflanzenstoffe, außerdem Pilze. Gelegentlich werden auch frische grüne Pflanzenteile befressen. Die Lebensdauer dieser Schnecke beträgt ca. 1 Jahr.

Verbreitung: In Mitteleuropa überall.

Zonitoides nitidus, Kassel NH
Zonitoides nitidus, Ansammlung unter feuchtem Brett, Neusiedler See Ö
Zonitoides nitidus, Gehäuse

Familie Milacidae
Kielnacktschnecken

Die Arten dieser Familie sind durch einen Kiel, der sich vom Mantel bis zur Schwanzspitze zieht, gekennzeichnet.

Tandonia rustica (Millet 1843) **Große Kielnacktschnecke**

(= **Milax marginatus** [Draparnaud] = **Milax rusticus** [Millet])

Verbreitungstyp: mittel- und südeuropäisch.

Körperlänge: ausgestreckt 8 bis 10 cm.

Beschreibung: Die Grundfärbung des Körpers ist gelblich- oder rötlichgrau, die zu den Sohlenrändern heller wird. Die gesamte Körperoberfläche (außer Fußsohle) ist von dunklen kleineren Flecken und Punktreihen bedeckt. Den Mantel zieren zusätzlich auf beiden Seiten je eine dünne Binde. Die Atemöffnung im rechten hinteren Teil des Mantels ist hell umrandet und auch der Kiel in der Regel heller als die Grundfärbung. Ebenfalls von heller gelblicher Färbung ist die Fußsohle. Der Schleim jedoch farblos. Anatomische Unterscheidungsmerkmale s. S. 66.

Habitat: *T. rustica* lebt in den Wäldern der Berg- und Hügelländer. Sie hält sich unter Laub, totem Holz, bemoosten Steinen und ähnlichen Schlupfwinkeln verborgen, die nur bei Regen, gelegentlich auch am Tage von der ansonsten nur nachtaktiven Schnecke verlassen werden. Sie ist eine kalkliebende Art, jedoch nicht an Kalk gebunden.

Biologie: *T. rusticus* wird im Alter von 6 bis 9½ Monaten geschlechtsreif. Im Juni bis September erfolgt die Eiablage der ersten Legeperiode, der noch zwei weitere folgen. Pro Legeperiode werden bis zu 8 Gelege, mit jedoch geringer Eizahl produziert. Zur Eiablage kriecht das Tier in den Erdboden, um dort eine kleine Erdhöhle zu graben, wo die 8 bis 27 länglichen Eier abgelegt werden. Die Eier haben eine Größe von 5,6 bis 6,5 mm x 4,5 bis 5 mm und schlüpfen je nach Temperatur nach 37 bis 130 Tagen aus. *T. rusticus* erreicht ein Alter von 2¾ bis 3 Jahren, und ernährt sich neben zerfallenden pflanzlichen Stoffen vorwiegend von frischen Kräutern. Gelegentlich wird sie mit Kulturpflanzen verschleppt.

Verbreitung: Von Ostfrankreich, die Schweiz, Deutschland (außer der Norddeutschen Tiefebene) und die Tschechoslowakei bis nach Südwestpolen. Außerhalb des zusammenhängenden Verbreitungsgebietes in Belgien, den Niederlanden und Ungarn. In Österreich zerstreut vorkommend.

Tandonia rustica, Kassel NH
Tandonia rustica in Ruhehaltung Kassel NH

Familie Limacidae
Schnegel

Der Körper der Nacktschnecken dieser Familie ist stets von langgestreckter, schlanker Form und erreicht im gestreckten Zustand eine Länge von 25 bis 200 mm, selten auch darüber. Auf der Rückenmitte verläuft ein den Mantelrand nicht erreichender Kiel, der sich zum Schwanzende allmählich senkt. Das Schwanzende läuft im Gegensatz zu den *Arion*-Arten verhältnismäßig spitz aus. Der Mantelschild ist mit feinen konzentrischen Runzeln (ähnlich eines Fingerkuppenabdrukkes) bedeckt und liegt im vorderen Bereich dem Nacken lappenartig auf. Die Größe beträgt ca. 1/3 der Körperlänge und das Atemloch befindet sich auf der rechten Seite hinter der Mantelmitte. Unter dem Mantelschild liegt ein kleines unsymmetrisches inneres Kalkplättchen. Die Fußsohle ist in 3 Längsfelder geteilt, wobei das mittlere Feld heller als die äußeren gefärbt ist. Die meisten Arten dieser Familie können im Freiland nach äußeren Merkmalen bestimmt werden. Zur Sicherstellung der richtigen Bestimmung in Zweifelsfällen, sind für die hier behandelten Arten die anotomischen Unterscheidungsmerkmale abgebildet.

r.o.: *Limax maximus*, Jungtier, Kassel NH
r.u.: *Limax maximus*, unauffällig gefärbtes Tier in Ruhehaltung, Kassel NH

Inneres Kalkschälchen eines Schnegel

Limax maximus (Linnaeus 1758) **Großer Schnegel**

Verbreitungstyp: süd- und westeuropäisch.

Körperlänge: ausgestreckt 10 bis 20 cm.

Beschreibung: Rücken und Seiten von *L. maximus* sind durch dunkle Binden und Fleckenreifen auf weißlicher bis grauer Grundfärbung gekennzeichnet. Auch der Mantelschild ist dunkel gefleckt und bedeckt etwa ⅓ der Körperlänge. Der helle Kiel dieser sehr farbvariablen Art beträgt ca. eine halbe Körperlänge und ist nicht so scharf wie bei der folgenden Art ausgebildet. Die Fußsohle ist normalerweise einfarbig weiß, und entlang des Fußsaumes zieht sich eine dichte Reihe kleiner Runzeln.

Habitat: *L. maximus* lebt in Wäldern, Hecken und Gebüschen, sowie im Bereich der menschlichen Siedlungen wo Parks, Gärten und gelegentlich feuchte Kellerräume besiedelt werden. Im Freien findet man die Tiere unter großen Steinen und Todholzstücken.

Biologie: Die Geschlechtsreife tritt bei *L. maximus* mit 1½ bis 1¾ Jahren ein. Nach der Begattung findet die erste Eiablage im Juli/August und die zweite im Juni/Juli des folgenden Jahres statt. Pro Legeperiode werden 2 bis 4 Gelege produziert, wobei die Anzahl der Eier von der Größe und dem Gewicht des einzelnen Tieres abhängig ist. Es können 100, 150, max. auch 200 bis 300 Eier pro Gelege hervorgebracht werden. Die Größe der alle 4 bis 5 Minuten hervorquellenden, kugeligen oder länglich geformten Eier nimmt mit ihrer Anzahl zu. Kugelige Eier haben einen Durchmesser von 4 bis 5 mm, während die länglichen zwischen 5 bis 6 mm x 4 bis 4,5 mm groß sind. Die Eiablage erfolgt in unregelmäßigen Haufen, seltener werden sie als kurze Schnur von 10 bis 12 Eiern verbunden abgelegt. Öfters ist schon mal die Eihülle an zwei gegenüberliegenden Stellen zu Spitzen ausgezogen. Nach 19 bis 25 max. 45 Tagen verlassen die Jungen das Ei, durch ein in die Eihülle gefressenes kreisrundes Loch. Sie erreichen ein Alter von ca. 2½ Jahren. *L. maximus* hat eine carnivore Lebensweise, wobei sie auch andere Nacktschnecken angreift und auffrißt. Weiterhin werden Wurzeln, Knollen, Pilze und Blüten vertilgt.

Verbreitung: Eine in ganz Mitteleuropa meist häufig vorkommende Art.

Limax maximus, kontrastreich geflecktes Tier, Grenzacher Horn Bd-Wb
Limax maximus in Ruhehaltung, Grenzacher Horn Bd-Wb

Limax cinereoniger (Wolf 1803)
Schwarzer Schnegel

Verbreitungstyp: europäisch.

Körperlänge: ausgestreckt 10 bis 20 cm, gelegentlich bis 30 cm.

Beschreibung: Der Körper ist von grauschwarzer bis schwarzer Färbung mit einer schwachen dunklen Bänderung an den Seiten. Alte Tiere sind einfarbig dunkel (schwarz). Südeuropäische Formen zeichnen sich durch eine buntere und hellere Färbung aus. Der Mantelschild ist immer einfarbig dunkel. Die Runzeln sind gegenüber der vorangegangenen Art von langer, schmaler jedoch gröberer Struktur. Auch der Rückenkiel von ½ Körperlänge ist schärfer ausgeprägt und durch seine helle Färbung gut zu erkennen. Ein charakteristisches Kennzeichen dieser Art ist die dreifeldrige Fußsohle, deren Seitenfelder grau bis schwarz sind, und somit zum hellen Mittelfeld kontrastieren. Körper und Sohlenschleim sind farblos.

Habitat: Laubwälder, von der Ebene bis ins Gebirge stellen den Lebensraum von *L. cinereoniger* dar. Im Gegensatz zur vorangegangenen Art die Kulturlandschaft meidend. Im Wald halten sich die Tiere unter umgestürzten Bäumen und loser Rinde auf.

Biologie: *L. cinereoniger* wird mit 1¼ bis 1½ Jahren geschlechtsreif. Zur Paarung kriechen die Tiere oft an Baumstämmen empor, wo der 1stündigen Begattung, ein etwa 15minütiges intensives Vorspiel vorausgeht. Auch bei dieser Art ist Selbstbefruchtung möglich. Die Eiablage erfolgt in 2 Legeperioden von je 1 bis 2 Monaten. Die erste Legeperiode beginnt im Juli/August und die zweite im Juni/Juli des folgenden Jahres. Pro Legeperiode werden 3 bis 4 Gelege produziert. Die Anzahl der Eier pro Gelege schwankt beträchtlich und liegt zwischen 15 bis max. 360 Eiern. Insgesamt können von einem Tier zwischen 680 bis 840 Eier pro Legeperiode hervorgebracht werden. Die Eier sind von kugeliger (Größe: 4 bis 5 mm Durchmesser), oder länglicher (Größe: 6 bis 9 mm x 4,5 bis 5,5 mm) Gestalt. Nach 19 bis 24 Tagen Entwicklungszeit schlüpfen die Jungen. Diese Schnecke kann ein Alter von 2¾ bis 3 Jahren erreichen. Die Nahrung besteht aus verrotteten Pflanzenteilen und Pilzen, jedoch werden auch tote Artgenossen nicht verschmäht.

Verbreitung: Auch diese Art ist in ganz Mitteleuropa weitverbreitet, jedoch nur mit zerstreutem Vorkommen.

Limax cinceroniger, Kassel NH
Limax cinceroniger, helle Farbvariante, Garnitzenklamm Ö.K
Limax cinceroniger in Ruhehaltung, Garnitzenklamm Ö.K

Malacolimax tenellus (O. F. Müller 1774) **Pilzschnegel**

Verbreitungstyp: nord- und mitteleuropäisch.

Körperlänge: ausgestreckt 2,5 bis 4,0 cm.

Beschreibung: Charakteristisch ist für diese kleinere Art der gelatinöse, durchscheinende und in der Regel hell- bis zitronengelbe Körper, der auch in grüngelben, weißlichen und orangefarbenen Varianten auftritt. Die Runzeln sind klein, und der Mantelschild erreicht nicht ganz ⅓ der Körperlänge. Die Fühler sind braunschwarz bis schwarz und stehen in scharfem Kontrast zum hellen Körper. Der Körperschleim ist gelb oder orangefarben und sehr zäh, so daß das Tier bei Berührung mit dem Finger an diesem haften bleiben kann. Auch die Fußsohle von *M. tenellus* ist dreiteilig, jedoch einfarbig gelblichweiß und der Sohlenschleim farblos.

Habitat: *M. tenellus* lebt in Laub- und Nadelwäldern von der Ebene bis ins Gebirge, und hält sich tagsüber am Boden unter morschem Holz auf. Erwachsene Tiere steigen bei feuchtem Wetter an glatten Baumstämmen (Buche) hoch, um den dort wachsenden Pilz- und Flechtenrasen abzuweiden. Im Herbst findet man sie auch häufig sehr zahlreich an Hutpilzen.

Biologie: *M. tenellus* wird im Alter von 7 bis 9 Monaten geschlechtsreif. Bei der Kopulation nehmen sie nicht die bei den Limaciden übliche umschlungene Haltung ein, sondern liegen, sich wie bei *Arion* (s. S. 162) die rechten Halsseiten zukehrend, nebeneinander. Der Geschlechtsakt dauert 1½ bis 1¾ Stunden. Die Legeperiode fällt in den Winter und dauert 2 bis 3 Monate, wobei 4 bis 6 mal 12 bis 31 Eier abgelegt werden. Insgesamt werden 87 bis 124 ellipsoidisch geformte Eier mit einer Größe von 4 mm x 3 mm produziert. Je nach Zähigkeit der Gallertmasse werden die Eier als Eischnur oder einzeln abgelegt. Die Entwicklung dauert normalerweise 20 bis 24 Tage, je nach Temperatur auch bis 109 Tage.

Verbreitung: In ganz Mitteleuropa verstreut vorkommend.

Malacolimax tenellus, Kassel NH
Malacolimax tenellus in Ruhehaltung, Kassel NH

Lehmannia marginata (O. F. Müller 1774) **Baumschnegel**

Verbreitungstyp: europäisch.

Körperlänge: ausgestreckt 7 bis 8 cm.

Beschreibung: Der schlanke Körper ist von schwachgrauer (besonders bei feuchtem Wetter) bis rötlichgrauer Färbung. An den Seiten befinden sich 1 bis 2 dunkle Binden von oft schwacher Ausbildung und auf dem Mantelschild stets ein Paar lyraförmige Binden. Der Kiel ist heller, kurz und scharf begrenzt. Der Körperschleim ist farblos und bei Berührung wird sehr viel wäßriger Schleim, besonders bei stark wasserhaltigen Tieren, abgegeben.

Habitat: *L. marginata* lebt im Laubwald unter feuchten Laubschichten und totem Holz. Gern verkriechen sie sich auch unter die bemooste lockere Rinde umgestürzter, großer alter Bäume oder halten sich nach Regentagen in den Rindenspalten und Astlöchern der Baumstämme verborgen.

Biologie: Regnet es nach längerer Trockenperiode, so verläßt *L. marginata* seinen Schlupfwinkel und kriecht oft sehr zahlreich die nassen Stämme der Bäume, aber auch an Felsen empor, wobei eine Bevorzugung von glatten Untergründen, gegenüber rauhen zu erkennen ist. Während des Emporkriechens wird der sich im hinteren Teil des Körpers befindende Wasserspeicher aufgefüllt, wobei sich auch die Haut stark mit Wasser anreichert und die Tiere ein pralles, gelatinöses durchscheinendes Aussehen erhalten. Bei sinkender Luftfeuchtigkeit kehren sie zum Boden oder in ihre Schlupfwinkel zurück. Den Winter verbringen sie in der Erde. Wenn vorhanden, werden auch Höhlen aufgesucht. So fand ich mitten im Winter in einem ca. 20 m langen, frostfreien Stollen im Basalt auf kleinem Raum eine Ansammlung von ca. 150 halbwüchsigen *L. marginata* auf tropfnassem Gestein munter umherkriechend. Frühestens nach 1½ Jahren tritt die Geschlechtsreife ein. Die Eiablage dauert 1 bis 1½ Monate und wird im folgenden Jahr wiederholt. Insgesamt werden zwischen 105 bis 132 Eier abgelegt. Die 12 bis 38 Eier pro Gelege sind oval und messen 4,5 bis 5 mm x 3 bis 4 mm und haben eine von der Temperatur abhängige Entwicklungszeit von 24 bis 40 Tagen oder im Extremfall max. auch 120 Tage.

Verbreitung: In ganz Mitteleuropa.

Lehmannia marginata, Kassel NH
Lehmannia marginata, Jungtier, Kassel NH
Lehmannia marginata in Ruhehaltung, Kassel NH

Familie Agriolimacidae
Ackerschnecken

Auch bei den Arten dieser Familie ist ein inneres Kalkplättchen ausgebildet. Die Bestimmung der kleinen bis mittelgroßen Nacktschnecken nach äußeren Merkmalen ist bei einigen Arten sehr schwierig oder gar unmöglich, da die Bestimmungsmerkmale nicht immer klar hervortreten und Färbung sowie Zeichnung des Körpers vom Typus abweichen können. Das Heranziehen von anatomischen Merkmalen zur sicheren Bestimmung ist hier unerläßlich, um Fehlbestimmungen zu vermeiden. Diese Problematik führte in der Vergangenheit vielfach zu Verwechslungen. So wurde z. B.: *D. reticulatum* nicht als eigene Art erkannt sondern mit der Art *D. agreste* verwechselt, oder es wurden neue Arten gefunden wie z. B.: *D. rodnae* die von GROSSU und LUPU erst 1965 entdeckt und beschrieben wurde. Aufgrund der neuen Erkenntnisse läßt sich die genaue Verbreitung bei bestimmten Arten noch nicht festlegen.
An Lebensräumen werden Biotope wie natürliche feuchte Waldgesellschaften (*D. rodnae*), sehr feuchte oder sumpfige Biotope (*D. laeve*) oder Kulturland (*D. reticulatum*) besiedelt. Aufgrund der Bevorzugung frischer Pflanzen zur Ernährung können von einigen Arten große Schäden an Kulturpflanzen verursacht werden.

l.u.: *Deroceras reticulatum*, Kassel NH
o.: *Lochfraß an einer Salatpflanze durch Deroceras laeve*, Kassel NH
u.: *Deroceras reticulatum* (helle Farbvariante) sondert durch Reizung milchigen Schleim ab, Kassel NH

Deroceras laeve (O. F. Müller 1774)
Wasserschnegel

Verbreitungstyp: holarktisch.

Körperlänge: ausgestreckt 1,5 bis 2,5 cm.

Beschreibung: Die Körperfärbung von dieser kleinen schwach durchscheinenden Nacktschnecke reicht von kastanienbraun bis stark dunkelbraun mit dunkler Fleckung. Der fast die halbe Körperlänge erreichende, hellere Mantelschild ist gegenüber den anderen *Deroceras*-Arten durch wenige, dafür jedoch weitläufig stehende konzentrische Ringe gekennzeichnet. Die Atemöffnung ist durch eine schwächere Färbung als die des Mantels umrandet und befindet sich hinter der Mantelmitte. Auch die Fußsohle ist wesentlich blasser als der Körper. Der Körper- und Sohlenschleim ist farblos und wird erst nach längerer Reizung des Tieres schwach milchig. Anatomische Bestimmungsmerkmale s. S. 66.

Habitat: Bevorzugt werden sehr nasse Standorte besiedelt. So finden wir sie in Sümpfen, nassen Wiesen, Verlandungszonen von Gewässern und Bruchwäldern. Aufgrund der geringen Größe und ihrer versteckten Lebensweise nicht immer leicht zu finden. Am ehesten noch unter feuchtem Holz und auf dem Boden liegenden alten Brettern.

Biologie: *D. laeve* wird mit 9 bis 11 Wochen geschlechtsreif. Die Eier werden in Haufen von 4 bis 20 Stück abgelegt. Bei dem ersten Gelege ist die Stückzahl noch hoch und die Eiform vorwiegend kugelig, mit einem Durchmesser von 1,1 bis 1,4 mm. Mit zunehmendem Alter nimmt die Eizahl ab, wobei das einzelne Ei größer und die Form ovaler wird. Sie messen dann 1,4 bis 1,6 mm x 1,6 bis 1,9 mm, bis max. 1,8 bis 1,9 mm x 2,1 bis 2,5 mm. Zum Schluß können sogar walzenförmige Eier von 1,2 mm x 2,0 mm hervorgebracht werden. Die Jungen schlüpfen nach einer Entwicklungszeit von 17 bis 26 Tagen aus dem Ei, sind milchigweiß, hellgrau oder rötlichbraun gefärbt und im ausgestreckten Zustand 3 bis 4 mm lang. Zunächst werden verrottete Pflanzenreste gefressen, aber schon nach kurzer Zeit auf frisches Grün gewechselt. *D. laeve* erreicht ein Lebensalter von 1 Jahr.

Verbreitung: Durchgehend in ganz Mitteleuropa.

Deroceras laeve, Kassel NH
Deroceras laeve in Ruhehaltung, Sontra NH

Deroceras sturanyi (Simroth 1894)
Hammerschnegel

Verbreitungstyp: europäisch.

Körperlänge: ausgestreckt 3 bis 4 cm.

Beschreibung: Obwohl *D. sturanyi* größer als die vorangegangene Art ist, kann sie leicht mit ihr verwechselt werden, besonders wenn man unausgewachsene Tiere vor sich hat. Der schwach durchscheinende Körper ist cremefarben bis dunkelbraun und gegenüber *D. laeve* ohne dunklere Flecke. Gelegentlich treten auch schwarze Tiere auf. Der Mantel erreicht fast halbe Körperlänge, und das hinter der Mitte liegende Atemloch hebt sich nicht durch eine hellere Umrandung ab. Der Körper- und Sohlenschleim ist dünn und farblos und wird auch nach längerer Reizung nicht milchig. Die Fußsohle selbst ist schwach gefärbt und besitzt ein dunkles Mittelfeld. Anatomische Merkmale s. S. 66.

Habitat: *D. sturanyi* ist nicht ganz so feuchtigkeitsliebend wie *D. laeve*. Neben feuchten Lebensräumen werden auch trockenere besiedelt, wenn ausreichend feuchte Versteckmöglichkeiten vorhanden sind. Auf Kulturgelände gelegentlich unter alten Brettern und herumliegenden Plastiktüten zu finden.

Verbreitung: Wahrscheinlich hatte diese Art früher eine osteuropäische Verbreitung und ist jetzt in Ausbreitung begriffen, wobei sie sicherlich auch vom Menschen verschleppt wird. Einige Fundorte weiter ab vom mehr zusammenhängenden Verbreitungsgebiet sprechen dafür. Die Verbreitung erstreckt sich von Polen über die Tschechoslowakei, Nordungarn, Österreich (außer Vorarlberg und Tirol), dem Südosten der ehemaligen DDR bis nach Süddeutschland. Hier in Bayern allgemein verbreitet und in Baden-Württemberg nördlich bis zum unteren Neckartal. Ansonsten einzelne Fundorte in Norddeutschland, den Niederlanden und Südschweden.

Deroceras sturanyi, Neusiedler See Ö

Deroceras agreste (Linnaeus 1758) **Einfarbige Ackerschnecke**

(= **Agriolimax agrestis** Linnaeus)

Verbreitungstyp: westpalaearktisch.

Körperlänge: ausgestreckt 3,5 bis 5,0 cm, gelegentlich bis 6 cm.

Beschreibung: *D. agreste* ist gelblich bis hellbraun, seltener dunkel oder grau gefärbt. Eine netzartige Fleckung und Punktierung wie bei *D. reticulatum* sind nicht vorhanden. Kopf und Fühler sind dunkler, die Atemöffnung ist hell umrandet. Im Vergleich zu *D. reticulatum* sind die Runzeln feiner strukturiert und der Kiel ist stumpfer ausgebildet. Die Fußsohle ist gelblichweiß, der Körperschleim farblos, wird durch Reizung jedoch milchigweiß. *D. agreste* soll sich schneller und gewandter als *D. reticulatum* fortbewegen. Eine sichere Abgrenzung ist nur durch anatomische Merkmale (s. S. 66) möglich.

Habitat: Nach den bisherigen Erkenntnissen scheint diese Art mehr an natürliche, anthropogen wenig beeinflußte Lebensräume (z. B.: Wälder), der Berg- und Hügelländer gebunden zu sein. Jedoch ist sie auch im Kulturgelände neben *D. reticulatum* zu finden.

Biologie: Die Lebensweise von *D. agreste* ist der von *D. reticulatum* sehr ähnlich. Im Gegensatz zu dieser, ist Selbstbefruchtung jedoch eine normale Erscheinung. Ein Gelege enthält ca. 7 bis 40 wasserklare Eier, die in der Regel von kugeliger Form sind und 1,1 bis 1,9 mm messen. Wie bei *D. reticulatum* treten auch ellipsoidisch geformte Eier auf. Nach einer Entwicklungszeit von 16 bis 25 Tagen schlüpfen die 3 bis 4 mm langen Jungen aus. Ihr Körper ist farblos, nur Kopf und Fühler sind schwach bräunlich. Erst 1 Tag später wird der Körper farbig. Darin unterscheiden sie sich von den Jungen der *D. reticulatum* deren Körper schon nach dem Schlupf farbig ist.

Verbreitung: In Europa liegt der Schwerpunkt der Verbreitung im Norden und im Osten. Für Deutschland liegen aus Nordwestdeutschland noch keine gesicherten Nachweise vor. Aufgrund der früheren Verwechslung mit *D. reticulatum* ist die genaue Verbreitung zur Zeit noch nicht bekannt.

Deroceras agreste, Kassel NH
Deroceras agreste, sehr hell gefärbtes Exemplar, Kassel NH

Deroceras reticulatum (O. F. Müller 1774) **Genetzte Ackerschnecke**

(= **Agriolimax reticulatus** [O. F. Müller] = **A. agrestis** Linnaeus)

Verbreitungstyp: europäisch.

Körperlänge: ausgestreckt 3,5 bis 5,0 cm, gelegentlich bis 6 cm.

Beschreibung: Die Grundfärbung variiert zwischen creme, den verschiedensten Brauntönen bis schiefergrau. Auf dem Mantelschild befinden sich große und kleine Punkte und Flecke, die häufig miteinander verschmelzen. Der Rücken und die Seiten sind durch die den Hautfurchen folgenden Flecke und Linien gekennzeichnet. Diese netzartige Fleckung kann auch zusammenfließen – so daß das Tier sehr dunkel erscheint –, sehr schwach sein, oder ganz fehlen. Im Vergleich zu *D. agreste* sind die Runzeln gröber und der Schwanzkiel ausgeprägter. Anatomie s. S. 66.

Habitat: *D. reticulatum* ist eine feuchtigkeitsliebende Art, die Hekken, Gärten, Wiesen und Wälder besiedelt, wo sie sich am Tage unter Laub, Steinen und feuchtem Holz aufhält. Nasse Jahre begünstigen eine Massenentwicklng in deren Folge es zu großen Schäden an Kulturpflanzen in Gärten und auf landwirtschaftlichen Flächen kommen kann. Gleiches trifft auch auf Gewächshäuser mit ihrem feuchten Kleinklima zu.

Biologie: Im April schlüpfen die Jungen aus dem Ei. Nach 2 bis 2,5 Monaten sind sie ausgewachsen, um sich dann von Juni bis August zu verpaaren. Im Gegensatz zu *D. agreste* kommt bei *D. reticulatum* Selbstbegattung kaum vor. Bei milder Witterung kommt es schon im Dezember/Januar zur Eiablage, normalerweise aber erst im Februar/März. Die wasserklaren Eier messen ca. 1,7 bis 2,0 mm und sind in Form und Größe genauso variabel wie die Eier von *D. laeve*. Insgesamt werden pro Tier ca. 300 Eier abgelegt. Die Entwicklungszeit liegt zwischen 18 bis 35 Tagen, jedoch wird sie durch kühle Temperaturen oder Minusgrade stark verlängert. Die 4 bis 5 mm langen Jungen verlassen die Eihülle durch ein von ihnen selbst in die Eiwand gefressenes Loch, wofür sie 10 bis 20 Minuten benötigen. *D. reticulatum* ist ein Allesfresser, zieht aber lebende Pflanzen anderen Nahrungsstoffen vor. Das Lebensalter beträgt 11 bis 12 Monate.

Verbreitung: In ganz Mitteleuropa allgemein.

Deroceras reticulatum, Kassel NH
Deroceras reticulatum in Ruhehaltung, Kassel NH

4 Deroceras rodnae (Grossu et Lupu 1965) Heller Schnegel

Verbreitungstyp: mitteleuropäisch.

Körperlänge: ausgestreckt 3,0 bis 4,5 cm.

Beschreibung: Die Grundfärbung von *D. rodnae* ist in der Regel cremeweiß, aber auch bräunlichweiß, hellocker oder gelbgrau. Während Jungtiere oft völlig ungefleckt sind, ist der Körper von ausgewachsenen Exemplaren mit kleinen diffusen Flecken, die nur wenig dunkler als die Grundfärbung sind, bedeckt. Zum Rücken und der Fußsohle hin wird die Fleckung meist spärlicher, oft ist sie insgesamt durch Schleimüberlagerung bedeckt und wird erst nach dem Konservieren in Alkohol sichtbar. Auf dem, knapp ⅓ der Körperlänge messenden, Mantelschild sind die feinen Tüpfelchen jedoch fast immer sichtbar. Kopf und Fühler sind braun bis dunkelbraun. Der kurze abgestumpfte Kiel ist nur am Körperende ausgebildet. Die einfarbige Fußsohle ist in 3 Längsfelder gegliedert wobei das Mittelfeld durchscheinend ist. Der Körperschleim ist farblos, wird bei Reizung milchig und nach längerer Reizung schließlich wäßrig. Anatomie s. S. 66.

Habitat: Als ausgesprochene Waldschnecke bewohnt sie alle schattigen und feuchten Waldtypen einschließlich Nadelwald, besonders der montanen Region. Dort finden wir sie im feuchten Laub, unter altem Holz und Steinen, aber auch auf den Pflanzen umherkriechend. Halbwüchsige Exemplare steigen bei Regen auch an Bäumen hoch.

Biologie: Von ihrer Biologie ist bisher kaum etwas bekannt, außer daß die Fortpflanzungszeit in die Monate März bis Juni fällt.

Verbreitung: Auch bei dieser Art ist die Verbreitung noch nicht genau bekannt. In Mitteleuropa wurde sie bisher in Polen, der Tschechoslowakei, Ungarn, Österreich, der Schweiz (Basel, Schweizer Jura und Mittelland), Frankreich (Vogesen) und Deutschland nachgewiesen. Hier vor allem in Süddeutschland, wo aus Bayern (Kehlstein südöstlich von Berchtesgaden), Baden-Württemberg (Grenzacher Horn, Wutachschlucht im Schwarzwald, Kaiserstuhl, bei Riedlingen), Nachweise vorliegen. In Mitteldeutschland ein ostthüringischer Fundort bei Auma im Vorland des Vogtlandes.

Deroceras rodnae, Grenzacher Horn Bd-Wb

Familie Boettgerillidae
Wurmnacktschnecken

Diese Familie ist mit einer Art im Gebiet vertreten. Wahrscheinlich hat sie erst in den letzten 25 Jahren unser Gebiet vom Kaukasus her, durch indirekte Verschleppung vom Menschen unterstützt, besiedelt.

Boettgerilla pallens (Simroth 1912) **Wurmnacktschnecke**

(= **B. vermiformis** Wiktor)

Verbreitungstyp: mittel- und osteuropäisch (ursprünglich kaukasisch).

Körperlänge: ausgestreckt 3 bis 4 cm.

Beschreibung: Der Körper von *B. pallens* ist im kriechenden Zustand von langgestreckter, schmaler, wurmförmiger Gestalt. Die Grundfärbung des Körpers ist milchigweiß mit leichtgraulichem Schimmer; Kopf, Schwanzende und Kiel sind mehr bläulichgrau und die oberen Fühler schwärzlich. Der spitz zum Kiel auslaufende Mantelschild bedeckt im ausgestreckten Zustand etwa 1/4 der Körperlänge und ist durch eine für diese Familie charakteristische Furche gekennzeichnet. Die Fußsohle leicht gelblich, der Körperschleim farblos. Anatomische Bestimmungsmerkmale s. S. 66.

Habitat: *B. pallens* ist in vielen Lebensräumen anzutreffen und bewohnt Gärten, Gewächshäuser, Parkanlagen und Wälder. Obwohl auch trockene Standorte besiedelt werden, vor allem wenn genügend feuchte Versteckmöglichkeiten wie feuchte Bretter, Steine usw. vorhanden sind, scheinen feuchtere Standorte die Entwicklung einer Population zu fördern. So ist sie z. B. um Kassel herum in allen Biotopen anzutreffen, am häufigsten fand ich sie jedoch in einem besonders feuchten Erlenbruch mit Quellhorizonten am Rande der Stadt.

Verbreitung: Erstmalig wurde *B. pallens* von G. SCHMID am 8. 9. 1957 auf dem Spitzberg bei Tübingen für Deutschland nachgewiesen (SCHMID 1962 a–c). Mittlerweile wurde sie in den meisten europäischen Ländern gefunden und scheint weiter in Ausbreitung begriffen. Einige Malakologen sind der Auffassung, daß diese Art in der Vergangenheit nur übersehen wurde, da sie heute fast überall anzutreffen ist.

Boetgerilla pallens, Kassel NH
Boetgerilla pallens in Ruhehaltung, Kassel NH

Familie Euconulidae
Kegelchen

Die Gehäuse der Arten dieser Familie sind von kleiner, kugeligkonischer Gestalt, mit dünnwandigen, glänzenden und eng aufgewundenen Umgängen. Der Nabel ist eng oder ganz geschlossen. In Europa nur mit der Gattung *Euconulus* vertreten.

Euconulus fulvus (O. F. Müller 1774) **Helles Kegelchen**

(= **Euconulus trochiformis** [Montagu])

Verbreitungstyp: holarktisch.
Gehäusegröße: Breite 2,8 bis 3,5 mm.
Beschreibung: Das schwach gelblichbraune, durchscheinende Gehäuse ist von gedrückt kugeligkonischer Gestalt und besitzt 5½ gleichmäßig anwachsende und eng aufgewundene Umgänge. Der letzte Umgang ist an der Peripherie, im Gegensatz zu den etwas deutlicher gekielten Jungtieren, nur leicht gekielt. Die Mündung ist gleichmäßig halbmondförmig ausgebildet, der Mundsaum scharf, dünn und sehr zerbrechlich. Ein Nabel ist auf der glatten, bei starker Vergrößerung fein gestreiften Gehäuseunterseite nicht zu erkennen. Der Weichkörper ist schwach gefärbt.
Habitat: *E. fulvus* ist in den verschiedensten Biotopen bei entsprechender Feuchtigkeit zu finden. Sie hält sich unter feuchtem Laub, morscher Rinde, unter Steinen und vor allem totem Holz auf.
Verbreitung: In Europa allgemein.

Euconulus alderi (Gray 1840) **Dunkles Kegelchen**

(= **Euconulus fulvus** var. **alderi** [Gray])

Verbreitungstyp: holarktisch? (Gesamtverbreitung wenig bekannt).
Gehäusegröße: Breite 2,3 bis 2,8 mm.
Beschreibung: Das Gehäuse ist dem von *E. fulvus* sehr ähnlich, jedoch kleiner und dunkler, mit deutlicher Streifung auf der Unterseite. Der Weichkörper ist sehr dunkel, wodurch das Gehäuse des lebenden Tieres fast schwarz erscheint. Der Artstatus der an nasseren Standorten lebenden *E. alderi* wird von einigen Autoren, die sie als ökologische Rasse ansehen, angezweifelt. Zerstreuter als *E. fulvus* vorkommend.

Euconulus fulvus, Kassel NH
Euconulus alderi, Farchtnersee Ö.K
Euconuls fulvus, Gehäuse

Familie Ferussaciidae
Bodenschnecken

Die Vertreter dieser Familie gehen einer unterirdischen Lebensweise nach und sind häufig blind. Die glänzenden, durchscheinenden Gehäuse sind farblos oder nur schwach gefärbt und meistens von spindelförmiger Gestalt. Der Mundsaum ist scharf und zerbrechlich. In Deutschland ist diese Familie mit einer Art vertreten.

4 **Cecilioides acicula** (O. F. Müller 1774) **Blindschnecke**

(= **Caecilianella acicula** [O. F. Müller])

Verbreitungstyp: mediterran und westeuropäisch.

Gehäusegröße: 4,5 bis 5,5 mm x 1,2 mm.

Beschreibung: Die 5½ schwach gewölbten Umgänge des schlanken, nadelförmigen Gehäuses verjüngen sich gleichmäßig vom letzten Umgang bis zum stumpfen Apex. Die schmale, hohe Mündung erreicht etwas mehr als ⅓ der Gehäusehöhe. Die Spindel ist an der Mündungsbasis schräg abgestutzt. Das glatte, glänzende und dünnwandige Gehäuse ist sehr zerbrechlich und bei lebenden Exemplaren farblos durchscheinend, während leere Gehäuse sehr schnell ein weißes opakes Aussehen bekommen.
Der Weichkörper des Tieres ist augenlos und hat eine pigmentlose, durchscheinende, gelblichweiße Färbung.

Habitat: *C. acicula* führt als bodengebundene Art eine unterirdische Lebensweise bevorzugt in kalkhaltigen lockeren Verwitterungsböden. Im lockeren Erdreich kann sie bis in eine Tiefe von ca. 40 cm vordringen. Selten findet man einzelne lebende Exemplare auch unter Steinen oder Pflanzenmoder. Leere Gehäuse liegen oft auf den Erdhaufen der Rasenameisen oder in großer Stückzahl in den Spülsäumen der Fließgewässer.

Biologie: Die Paarung findet von Mai bis Juli statt. Im Juni/Juli werden dann die 11 bis 13 Eier einzeln abgelegt. Das Ei ist kugelig und hat einen Durchmesser von 0,75 mm. Die Nahrung besteht aus Schimmelpilzen.

Verbreitung: *C. acicula* ist in Mitteleuropa allgemein verbreitet. In Nordeuropa bis Südschweden vorkommend und auf den Britischen Inseln, nicht in Schottland und Nordirland.

Cecelioides acicula, Gehäuse

Familie Subulinidae

Diese Familie ist hauptsächlich in den Tropen zu Hause. In Europa kommt nur eine Art vor. Das Gehäuse besteht aus zahlreichen schwach gewölbten Umgängen und ist von schlankkonischer, zugespitzter Gestalt. Die Mündung ist rundlich ausgebildet.

Rumina decollata (Linnaeus 1758)

Verbreitungstyp: mediterran.

Gehäusegröße: 22 bis 25 mm Höhe, selten über 40 mm.

Beschreibung: Das festwandige Gehäuse ist von fast zylindrischer Gestalt mit 3 bis 6 schwach gewölbten Umgängen. Auf der glänzenden, schwach braunen oder cremefarbenen Gehäuseoberfläche sind sehr schwache, die Zuwachsstreifen kreuzende Spirallinien zu erkennen. Bei älteren Tieren ist die Gehäusespitze stets abgebrochen (Dekollation) und mit Kalk verschlossen. Dies geschieht bis zu 4mal im Leben des Tieres. Bei jungen Tieren sind bis zu einer Gehäusehöhe von ca. 18 mm die ersten sehr schlanken Umgänge, mit dem stumpf gerundeten Apex noch vorhanden.

Rumina decollata, Mouries SF

Rumina decollata, Gehäuse

Habitat: *R. decollata* besiedelt gern kalkhaltige, trockene, offene Biotope wie Ödländereien und Gebüsche. In der trockenen Jahreszeit fand ich sie oft sehr zahlreich, das Gehäuse mit einem Häutchen verschlossen, unter Steinen oder im lockeren Erdreich.

Verbreitung: Eine mediterrane Art die bis Südwestfrankreich vordringt.

Familie Clausiliidae
Schließmundschnecken

Die Familie Clausiliidae ist eine sehr artenreiche Familie die, auf Europa bezogen, im Balkan und im Kaukasus den größten Artenreichtum mit ca. 150 Arten erreicht, nach Westen hin jedoch abnimmt. So kommen in England noch 6 Arten und in Irland nur noch 3 Arten vor. In Deutschland sind bisher 26 Arten nachgewiesen worden. Davon haben 12 Arten eine relativ weite Verbreitung, 6 Arten ein nur sehr kleines Verbreitungsgebiet und 8 Arten besitzen nur punktuelle Vorkommen.
Das Gehäuse dieser Familie unterscheidet sich ziemlich deutlich von denen anderer Mollusken-Familien. Es ist in der Regel linksgewunden und besitzt eine spindel- oder keulenförmige Gestalt, die sich aus zahlreichen Umgängen (bis zu 12) zusammensetzt. Die Gehäuseoberfläche ist durch eine mehr oder weniger stark ausgeprägte Rippung gekennzeichnet. Charakteristisch für diese Familie sind die im Mündungsinneren liegenden faltenartigen Erhebungen die als Falten, Lamellen oder Zähne bezeichnet werden. Ein weiteres Charakteristikum ist das tiefer in der Mündung liegende Clausilium, eine aus Kalk bestehende löffelartige Verschlußplatte (Verdunstungsschutz), die in der Form der Gehäusemündung mit den dort eventuell vorhandenen Falten angepaßt ist.
Die hier beschriebenen Arten gliedern sich in 3 Unterfamilien mit insgesamt 9 Gattungen.

Gehäuse mit und ohne Mondfalte: linkes *(Ch. ornata)* mit, rechtes *(C. laminata)* ohne

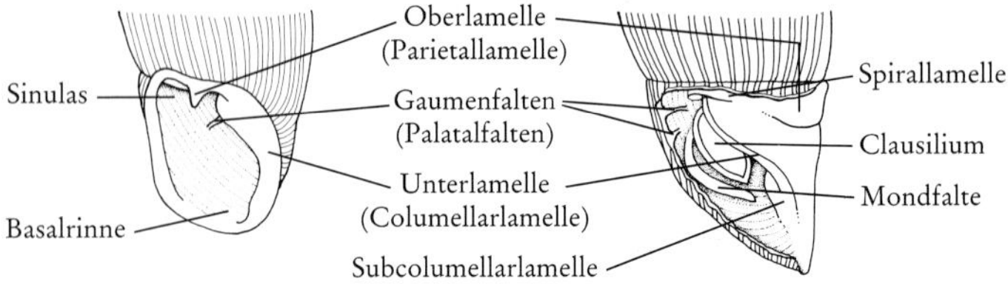

Gehäuseöffnung einer Clausilie in Draufsicht und geöffneter Seitenansicht

Unterfamilie Alopiinae

Gehäuseoberfläche glatt oder sehr fein gestreift und im frischen Zustand durchscheinend und glänzend. Das Clausilium ist tief eingebuchtet; Eine Mondfalte ist nicht vorhanden.

Cochlodina Seite 256 bis 260

Große Gehäuse bis 17 mm Höhe; Mehr oder weniger glatt und glänzend und mit einer Reihe weißer Papillen entlang der Naht; Eine Mondfalte ist vorhanden.

Charpentieria Seite 262 bis 264

Unterfamilie Clausiliinae

Gehäuse sehr klein bis 8 mm; Scharf und weit gerippt und die Mündung ohne Basalrinne.

Ruthenica Seite 266

Gehäuse von kleiner, gedrungener, stumpf spindelförmiger Gestalt und hornbrauner, oft auch grünlichweißer Färbung. Die Mündungsbasis ist deutlich zugespitzt; Eine Mondfalte ist nicht vorhanden.

Pseudofusulus Seite 268

Mittelgroße (11 bis 14 mm) bis große (17 bis 19 mm) Gehäuse mit deutlicher Rippung Mündungsrand basal gerundet; Der Mundsaum ohne lippige Verstärkung; Die gegabelte Unterlamelle bildet mit der hervortretenden Spindelkante ein liegendes K (   ).

Macrogastra Seite 270 bis 274

Ober- und Spirallamelle sind verbunden; Eine Mondfalte ist vorhanden.

Clausilia Seite 276 bis 284

Ober- und Spirallamelle nicht verbunden; Gehäuse klein 9 bis 11 mm; Gehäuseoberfläche mit feiner, schwacher Rippenstreifung und dunkel rötlichbrauner Färbung; Mundsaum basal schwach zugespitzt.

Neostryriaca Seite 286

Unterfamilie Baleinae

In dieser Unterfamilie wurden die Gattungen *Balea* und *Lancinaria* auf Grund anatomischer Ähnlichkeiten zusammengefaßt, obwohl die Gehäusemerkmale unterschiedlich sind. Dies führte auch zur Einordnung der früheren Art *Laciniaria biplicata,* die auf Grund von Gehäusemerkmalen in der Gattung *Laciniaria* stand, zur Gattung *Balea.*

Großes Gehäuse (15 bis 18 mm) von schlanker spindelförmiger Gestalt; Gehäuseoberfläche regelmäßig, deutlich gerippt und nicht glänzend; Mundsaum rundherum abgelöst; Mündung basal rinnenförmig ausgebildet. Ohne sichtbare untere Gaumenfalte.

Laciniaria Seite 288

Gehäusemündung ohne Lamellen, Falten oder Clausilium, gelegentlich mit einer sehr kleinen schwachen Oberlamelle (Parietalzahn).

Balea Seite 290 bis 292

Ansammlung von *Balea perversa* im feuchten Bereich am Fuße einer Mauer, Ruine Weidelsburg bei Naumburg NH

Familie Clausiliidae
Schließmundschnecken

Unterfamilie Alopiinae

Cochlodina laminata (Montagu 1803)
Glatte Schließmundschnecke
(= **Marpessa laminata** [Montagu])

Verbreitungstyp: europäisch.

Gehäusegröße: 15 bis 17 mm x 4 mm.

Beschreibung: Das Gehäuse ist von bauchiger, spindelförmiger Gestalt und besitzt 11 bis 12 schwach gewölbte Umgänge mit einem gerundetem Apex. Die ziemlich glatt erscheinende Gehäuseoberfläche des gelblich- bis rötlichbraunen Gehäuses, ist fein und unregelmäßig gestreift, glänzend und durchscheinend. Jedoch sind ältere Exemplare auch undurchsichtig und korodiert. Der Mundsaum der birnenförmigen Mündung ist durch eine weiße Lippe verstärkt und nach außen umgebogen. Im Inneren je eine stark ausgebildete Ober- und Unterlamelle und 3 bis 4 schwach entwickelte Gaumenfalten, von denen gewöhnlich nur 2 in der Mündung gut zu sehen sind. Eine Mondfalte ist nicht vorhanden, auch eine Gaumenschwiele fehlt in der Regel oder ist höchstens nur ganz schwach ausgebildet.

Habitat: *C. laminata* ist eine gesteinsindifferente Art, die feuchte, jedoch auch relativ trockene Standorte in den Wäldern und Gebüschen besiedelt. Sie hält sich unter der Bodenstreu und moderndem Holz, an Felsen und Baumstubben auf, steigt aber bei hoher Luftfeuchtigkeit an den Baumstämmen (besonders gern an den glatten Buchen) empor. Im Gebirge ist sie bis zu einer Höhenlage von 2300 m ü. NN zu finden.

Biologie: Im August findet die Paarung statt. Die Ablage der 10 bis 15 Eier erfolgt in der feuchten Bodenstreu. Sie sind weiß, rundlich, und messen 2 mm im Durchmesser. Der Schlupftermin liegt je nach der herrschenden Luftfeuchtigkeit Ende September bis Anfang Oktober. Die Nahrung besteht aus welken Pflanzenteilen, gelegentlich werden auch Pilze befressen. Nach Beendigung des 2. Lebensjahres sind die Tiere ausgewachsen.

Verbreitung: *C. laminata* ist in Europa weit verbreitet, fehlt jedoch in den Niederlanden (außer im Süden) und dem angrenzenden Nordwestdeutschland, den nordwestlichen Britischen Inseln (außer Mittelirland). In Skandinavien kommt sie nur im südlichsten Teil vor.

Cochlodina laminata, Kassel NH
Cochlodina laminata, Gehäuse
Cochlodina laminata, Gehäusemündung

❹ **Cochlodina fimbriata** (Rossmässler 1835) **Bleiche Schließmundschnecke**

Verbreitungstyp: alpin.

Gehäusegröße: 14 bis 16 mm x 4 mm.

Beschreibung: Das Gehäuse von *C. fimbriata* ähnelt in der äußeren Gestalt sehr dem der vorangegangenen Art. Die Gehäuseoberfläche ist etwas deutlicher gestreift, die Färbung im Durchschnitt etwas heller wobei auch weißlichgrüne Exemplare auftreten. Ein charakteristisches Merkmal dieser Art ist eine weiße, stark entwickelte Gaumenschwiele die parallel zu den Zuwachsstreifen etwas unterhalb des Mündungsrandes im Inneren der Mündung verläuft und nach außen gelblich durchscheint. Von den Gaumenfalten fehlen die mittleren. Die untere ist kürzer ausgebildet und erreicht die Gaumenschwiele nicht. Bei Frontaleinsicht in die Gehäusemündung ist sie kaum zu erkennen.

Habitat: *C. fimbriata* ist eine calciphile Gebirgsart, die bevorzugt feuchte, schattige Standorte bewohnt. Sie ist unter Laub und Steinen in Wäldern sowie an bemoosten, feuchten Felsblöcken zu finden.

Verbreitung: Die Verbreitung dieser Art liegt mit getrennten Arealen im Alpenraum. Ein Gebiet erstreckt sich über die französischen und Schweizer Alpen einschließlich des Jura bis Westösterreich und die Gebirge Südwestdeutschlands, dort verbreitet in den Allgäuer Alpen, ansonsten zerstreut. Das Hauptvorkommen in Österreich liegt in den Südalpen, ein weiteres im östlichen Österreich, jedoch mit seltenen, vereinzelten Vorkommen. Ein isoliertes Vorkommen befindet sich im Vtáčnik-Gebirge der Nordkarpaten im Westen der Tschechoslowakei.

Cochlodina fimbriata, Garnitzenklamm K.Ö
Cochlodina fimbriata, Gehäuse
Cochlodina fimbriata, Gehäusemündung

❹ **Cochlodina costata** (C. Pfeiffer 1828)
Berg-Schließmundschnecke

(= **C. commutata** [Rossmässler] = **C. ungulata** [Rossmässler] = **C. silesiaca** [Schmidt])

Verbreitungstyp: ostalpin-sudetisch.

Gehäusegröße: 14 bis 16 mm x 3,2 bis 3,5 mm.

Beschreibung: Auch diese Art gleicht in der äußeren Erscheinung den beiden vorangegangenen Arten, ist in der Regel jedoch schlanker und weniger glänzend. Die Gehäusefärbung ist ziemlich konstant rotbraun, bei lebenden Tieren scheint der gelblich gefleckte Körper durch, so daß die ersten Windungen gefleckt erscheinen. Eine Gaumenschwiele fehlt oder ist nur schwach ausgebildet, wobei der untere Teil unterbrochen ist (siehe nebenstehendes Foto, unten rechts) und einen Durchlaß für die untere Gaumenfalte bildet. Insgesamt 3 bis 4 Gaumenfalten. Die 2. Gaumenfalte ist nur durch die Gehäusewand zu erkennen, da sie tief in der Mündung liegt und in Frontalansicht nicht zu sehen ist.

Habitat: *C. costata* lebt als montane Art an schattigen, feuchten Orten der Wälder, wo sie sich bevorzugt an Kalkfelsen, sowie in deren Ritzen und Spalten aufhält.

Verbreitung: Diese Art besitzt in Mitteleuropa einige getrennte Vorkommen. Das kleinste Verbreitungsareal liegt in Deutschland im Fränkischen Jura (Ruine Neideck, Wisenttal, Ruine Streitberg, Eberhardsteiner Tal, Wichsenstein und am Altenberg bei Burggrub). Ein weiteres erstreckt sich in Österreich über Südkärnten, und ein drittes befindet sich in der Tschechoslowakei (Ostböhmen und Nordwestmähren). In Polen ein isoliertes Vorkommen in den Westsudeten.

Cochlodina costata, Dobratsch K.Ö
Cochlodina costata, Gehäuse
Cochlodina costata, Gehäusemündung

Charpentieria ornata (Rossmässler 1836)

(= **Clausilia ornata** Rossmässler = **Delima ornata** Ziegler)

Verbreitungstyp: südostalpin.

Gehäusegröße: 11 bis 20,5 mm x 3,3 bis 4,7 mm.

Beschreibung: Das glänzende, rotbraune Gehäuse ist von spindelförmiger Gestalt und besitzt 10 bis 12 Umgänge, die von einer deutlich eingetieften Naht getrennt werden. Entlang der Naht sitzen glänzend weiße Papillen, die auf den letzten beiden Umgängen oft schwächer ausgebildet sind. Auf der Gehäuseoberfläche befindet sich eine feine Streifung, die auf den letzten Umgängen stellenweise verlischt. Die Mündung ist birnenförmig, der Mundsaum weißlich gelippt und seine Ränder sind auf der Mündungswand durch einen schwachen Callus verbunden. Das Mündungsinnere besitzt die Gehäusefärbung, auf der sich die stark entwickelte weißliche Gaumenschwiele gut abhebt. Die Unterlamelle ist einfach ausgebildet und erreicht den Mundsaum nicht. Dagegen nähert sich die gut ausgebildete Subcolumellarlamelle dem Mundsaum ziemlich und ist gut sichtbar. Eine Mondfalte ist vorhanden, sie ist gleichmäßig gebogen und steht mit der Prinzipalfalte in Verbindung. Beide Falten scheinen nach außen durch und sind gut sichtbar.

Habitat: *Ch. ornata* lebt an halbwegs feuchten Felsen, zwischen Geröll, an den Mauern alter Ruinen und ist nur selten an Bäumen zu beobachten. Die Höhenverbreitung liegt zwischen 360 und 1400 m ü. NN.

Verbreitung: In Mitteleuropa nur wenige getrennte Vorkommen. So im südöstlichen Österreich, wo sie von der Nordsteiermark im großen Bogen um den Alpenostrand herum bis in die östlichen Gailtaler Alpen verbreitet ist. Weitere Vorkommen in der Tschechoslowakei (Ostböhmen), sowie ein Vorkommen in Polen (Ostsudeten).

Charpenteria ornata, Ruine Altfinkenstein K.Ö
Charpenteria ornata, Gehäuse
Charpenteria ornata, Gehäusemündung

Charpentieria stentzii (Rossmässler 1836)

(= **Clausilia stentzii** Rossmässler, Gredler
= **Clausilia stentziana** Potiez et Michaud)

Verbreitungstyp: südalpin.

Gehäusegröße: 12 bis 22,5 mm x 2,9 bis 5,3 mm.

Beschreibung: Das spindelförmige, hell rotbraune Gehäuse besitzt 10 leicht gewölbte Umgänge und einen abgestumpften Apex. Entlang der Naht verläuft eine weiße Linie an welcher weiße Papillen sitzen. Diese sind schwächer als bei der vorangegangenen Art ausgebildet. Die Gehäuseoberfläche ist fein und unregelmäßig gestreift, wobei die letzten Umgänge glatter erscheinen. Die Mündung ist von birnenförmiger bis schwach rhombisch ovaler Form, der Mundsaum zusammenhängend und umgebogen. Im Bereich der Endwindung ist in der Regel nur der obere Mündungsrand gelöst während der Rest mit derselbigen verbunden ist. Der Nabel ist offen. Wie bei der vorangegangenen Art erreicht auch bei *Ch. stentzii* die Unterlamelle den Mundsaum nicht, sondern ist verkürzt ausgebildet. Eine Mondfalte ist vorhanden, sie steht aber mit der Prinzipalfalte nicht in Verbindung, auch scheint sie nach außen durch.

Habitat: *Ch. stentzii* ist eine kalk- und felsengebundene Schließmundschnecke. Sie besiedelt oft sehr zahlreich und nicht selten in großen Populationen Kalkfelsen an offenen und beschatteten Standorten. Die Höhenverbreitung liegt in Österreich zwischen 570 und 2360 m ü. NN.

Verbreitung: Diese Art kommt nur in Südösterreich vor, wo sie die ganzen Kärntner Südalpen, von den Linzer Dolomiten durch die Karnischen und Gailtaler Alpen bis zu den Ostkarawanken bewohnt.

Charpenteria stentzii, Garnitzenklamm K.Ö
Charpenteria stentzii, Gehäuse
Charpenteria stentzii, Gehäusemündung

4 Unterfamilie Clausiliinae

Ruthenica filograna (Rossmässler 1836) **Zierliche Schließmundschnecke**

(= **Graciliaria filograna** [Rossmässler])

Verbreitungstyp: osteuropäisch.

Gehäusegröße: 7 bis 9 mm x 2 bis 2,2 mm.

Beschreibung: Das sehr kleine Gehäuse ist von bauchiger Gestalt. Der größte Durchmesser liegt in der Gehäusemitte, wobei sich die beiden letzten Umgänge zur Mündung hin ziemlich verjüngen, so daß die Mündungsaußenwand zum letzten Umgang etwas abgesetzt ist. Der Apex ist konisch ausgebildet und endet in einer abgesetzten Spitze. Die hellhornfarbene Gehäuseoberfläche ist durch eine charakteristische, weit auseinanderliegende Rippung, besonders auf den letzten beiden Umgängen, gekennzeichnet. Der nach außen gebogene Mundsaum ist nur wenig verstärkt. Ober- und Unterlamelle sind nur schwach ausgebildet, ebenso die Gaumenschwiele. Basal ein kleiner zahnartiger Hökker, der durch eine rinnenförmige Furche von einer kleinen Subcolumellarlamelle getrennt wird (am besten durch Schrägeinsicht in die Mündung zu sehen). Eine Mondfalte ist nicht vorhanden.

Habitat: *R. filograna* ist eine stark kalkgebundene Art, die in den Wäldern in der Bodenstreu und unter Holz und Steinen zu finden ist. Sie meidet Felsen und steigt nur sehr selten an Bäumen hoch.

Verbreitung: Der Verbreitungsschwerpunkt dieser Art liegt in Osteuropa. In Deutschland isolierte Vorkommen im Ostharz, Thüringer Wald, im schwäbischen und fränkischen Jura. Ein weiteres isoliertes Vorkommen liegt südlich des Bodensees in der Schweiz. Die Fundorte im Bayerischen Wald und Erzgebirge schließen an das zusammenhängende Verbreitungsgebiet an. Dies erstreckt sich zweigeteilt über Österreich (nordöstliches und südliches Österreich), die Tschechoslowakei, Polen (außer dem Nordwesten) und Nordungarn.

Ruthenica filograna, Presseggen K.Ö
Ruthenica filograna, Gehäuse
Ruthenica filograna, Gehäusemündung

4 Pseudofusulus varians (C. Pfeiffer 1828) Gedrungene Schließmundschnecke

(= **Fusulus varians** [C. Pfeiffer])

Verbreitungstyp: ostalpin – westkarpatisch.

Gehäusegröße: 9 bis 9,5 x 2,2 mm.

Beschreibung: Das kleine Gehäuse ist von gleichmäßig spindelförmiger Gestalt und besitzt 9 bis 10 Umgänge. Die glänzende, transparente, hellhornfarbene oder sehr oft auch grünliche Gehäuseoberfläche ist ziemlich gleichmäßig, stumpf und dicht (ca. 62 Rippen auf dem letzten Umgang) gerippt. Die Mündung ist schief birnenförmig angelegt, der Mundsaum wenig verstärkt und nach außen gebogen. Die am unteren Mündungsrand befindliche, sehr ausgeprägte Basalrinne, zeichnet sich auf der Mündungsaußenwand als kräftiger Basalkiel ab. Parallel zur Basalrinne verläuft rechts die Subcolumellarlamelle und links eine Palatalfalte die mit der kräftig entwickelten Gaumenschwiele verbunden ist. Parallel zur Gaumenschwiele auf der Mündungsaußenwand, ein mehr oder weniger stark ausgeprägter Nackenwulst. Die Oberlamelle ist zwar deutlich, jedoch sehr schmal ausgebildet, während die Unterlamelle sehr schwach entwickelt ist. Interlamellar befinden sich gelegentlich eine oder mehrere kleine Falten. Eine Mondfalte ist nicht vorhanden.

Habitat: *P. varians* ist eine gesteinsindifferente Gebirgsart, die sich in feuchten und schattigen Wäldern, gern unter der losen Rinde alter modernder Baumstümpfe aufhält. Bei feuchter Witterung verlassen sie ihre Verstecke und kriechen meist zahlreich auf den Baumstümpfen umher. In höheren Lagen halten sie sich allerdings unter Steinen auf.

Verbreitung: *P. varians* besitzt ein sehr zerissenes und zerstreutes Vorkommen. In Deutschland kommt sie in den Bayerischen Alpen und dem Erzgebirge vor, wobei sie auch den tschechoslowakischen Gebirgsteil besiedelt. Weiterhin befindet sich ein Verbreitungsgebiet im östlichen Landesteil. In Österreich ist sie weit, jedoch ausgesprochen lückenhaft verbreitet und nur selten im Alpenvorland anzutreffen.

Pseudofusulus varians, Ruine Altfinkenstein K.Ö
Pseudofusulus varians, Gehäuse
Pseudofusulus varians, Gehäusemündung

Macrogastra ventricosa (Draparnaud 1801)
Bauchige Schließmundschnecke

(= **Clausilia ventricosa** Draparnaud = **Iphigena ventricosa** [Draparnaud])

Verbreitungstyp: mitteleuropäisch.

Gehäusegröße: 17 bis 19 mm x 4 bis 4,3 mm.

Beschreibung: Das große, rotbraune Gehäuse ist von keulenförmiger Gestalt und besitzt ein zylindrisches, sich zur Gehäusespitze allmählich verjüngendes Gewinde. Auf der Gehäuseoberfläche befinden sich ziemlich regelmäßig angeordnete, stumpfe Rippen, die verstreut, oft vereinzelt aber auch zu mehreren, teilweise weiß gefärbt sind. In den Rippenzwischenräumen sind – nicht immer deutlich sichtbar – sehr feine Spiralstreifen vorhanden. Auf dem vorletzten Umgang sind ca. 5 Rippen pro mm. Die elliptische Mündung besitzt einen etwas erweiterten, umgeschlagenen Mundsaum, ist unten gerundet mit einer im Innern nur schwach angedeuteten Basalrinne. Eine Gaumenschwiele ist nicht vorhanden und bei direkter Einsicht in die Mündung ist auch keine Palatalfalte zu sehen. Weiterhin befinden sich keine Falten zwischen der Ober- und der Unterlamelle, die im auslaufenden Teil ein liegendes K (⊻) bildet.

Habitat: *M. ventricosa* ist eine Waldart, die sich bevorzugt in feuchteren Wäldern, feuchten Pappel-, Schwarzerlen-, und Eschengehölzen sowie in Schluchtwäldern aufhält. Ihre Aufenthaltsorte befinden sich unter Laub, Todholz, umgestürzten Bäumen und an modernden Baumstubben. Außerdem ist sie auch an bemoosten Felsen und unter Steinschutt zu finden.

Biologie: Über die Biologie ist nur wenig bekannt. Die Art ist lebendgebärend, wobei die Jungtiere paarweise geboren werden. Ihre Gehäuse besitzen nach der Geburt 3 bis 3 ½ Umgänge und nach 3 bis 4 max. nach 6 Monaten sind sie ausgewachsen.

Verbreitung: Die Verbreitung erstreckt sich über Ostfrankreich, das südlichste Belgien, die Schweiz, Deutschland (im Nordwesten fehlend) und über Südostdänemark bis ins südlichste Schweden und Norwegen. Weiter geht sie über Österreich (außer dem westlichen Nordtirol), Westungarn, die Tschechoslowakei und Polen, wo sie im Südosten fehlt.

Macrogastra ventricosa, Kassel NH
Macrogastra ventricosa, Gehäuse
Macrogastra ventricosa, Gehäusemündung

Macrogastra lineolata (Held 1836)
Mittlere Schließmundschnecke
(= Clausilia lineolata Held **= Iphigena lineolata** [Held])

Verbreitungstyp: west- und mitteleuropäisch.

Gehäusegröße: 13 bis 16 mm x 3,3 bis 3,7 mm.

Beschreibung: In der Gehäuseform der vorangegangenen Art sehr ähnlich, jedoch kleiner. Das rotbraune Gehäuse ist regelmäßig stumpf gerippt, wobei auf den vorletzten Umgang 5 bis 6 Rippen pro mm kommen. Die Mündung ist breit elliptisch, der Mundsaum auffallend weit nach außen gezogen und basal ziemlich gleichmäßig gerundet, ohne Basalrinne. Unterlamelle im auslaufenden Teil zum Mündungsrand ein liegendes K (⋎) bildend. Zwischen Ober- und Unterlamelle befinden sich 1 bis 2 schwach ausgebildete Fältchen. Eine mehr oder weniger ausgebildete Gaumenschwiele ist vorhanden, diese ist basal oft erhabener, so daß der Eindruck entsteht, es handele sich um eine undeutliche nach innen reichende falsche Gaumenfalte.

Habitat: Auch diese Art hält sich wie die vorangegangene Art mehr in feuchten Wäldern auf. Sie ist gesteinsindifferent und lebt unter der Falllaubschicht, an bemoosten, feuchten Felsen und Mauern, unter Gesteinstrümmern und auch an bemoosten Baumstämmen und -stubben. Bei feuchter Witterung auch an Bäumen aufsteigend.

Biologie: Die Eiablage findet von August bis Oktober in Erdspalten oder unter feuchtem Holz und Rindenstücken statt. Die Anzahl der abgelegten Eier schwankt zwischen 1 bis 11, die von rundlicher bis ovaler Gestalt sind und 0,8 bis 1 mm x 1,9 bis 2 mm messen. Die Entwicklungszeit liegt zwichen 19 und 34 Tagen. Die schlüpfenden Jungen haben ein Gehäuse von 2 ½ bis 3 Umgängen und messen in der Höhe ca. 1,6 mm.

Verbreitung: Die Verbreitung erstreckt sich über Ostfrankreich, die Schweiz und Westösterreich. In Deutschland nördlich des Mains bis zur Linie Teutoburger Wald, Harz und Thüringer Wald, in Süddeutschland vorwiegend entlang des Rheintales und der angrenzenden Gebirge sowie entlang der Alpen. Ansonsten zerstreut oder fehlend. Von Deutschland in die südlichsten Teile Belgiens und den Niederlanden einstrahlend. Außerdem zerstreute Vorkommen an der deutschen Ostseeküste und auf den dänischen Inseln.

Macrogastra lineoata, Gudensberg NH
Macrogastra lineoata, Gehäuse
Macrogastra lineoata, Gehäusemündung

Macrogastra plicatula (Draparnaud 1801) Gefältete Schließmundschnecke

(= **Clausilia plicatula** Draparnaud = **Iphigena plicatula** [Draparnaud])

Verbreitungstyp: mitteleuropäisch.

Gehäusegröße: 11 bis 14 mm x 3 mm.

Beschreibung: Das rotbraune Gehäuse ist von schlanker spindelförmiger Gestalt. Die Gehäuseoberfläche scharf und weit gerippt wobei auf den vorletzten Umgang etwa 5 bis 6 Rippen pro mm kommen. In den Rippenzwischenräumen befinden sich feine Spirallinien, die in der Regel deutlicher als bei den beiden vorangegangenen Arten zu erkennen sind. Die Mündung ist basal gleichmäßig gerundet, der Mundsaum stark erweitert und nach außen gebogen. Eine Basalrinne ist nicht vorhanden. Die Unterlamelle ist in 2 Fältchen gegabelt, die am Mündungsrand auslaufen und ein liegendes K (⋎) bilden. Zwischen Unter- und Oberlamelle 2 bis 3 mehr oder weniger stark entwickelte Interlamellarfältchen. Gaumenschwiele meist schwach ausgebildet und oft in einen nahe des Sinulus liegenden Teil und einen Basalteil unterbrochen. Palatalfalten sind nicht vorhanden.

Habitat: Die Lebensraumansprüche auch dieser gesteinsindifferenten Art ähneln sehr den beiden vorangegangenen Arten. Sie lebt in Wäldern und an deren Rändern und hält sich oft gesellig an Felsen und Mauern, Bäumen und Baumstubben aber auch unter Laub und Steinen am Boden auf. In höheren Lagen (in Österreich bis 2100 m ü. NN) sind sie ausschließlich unter Steinen oder in Felsritzen zu finden.

Biologie: Über die Biologie ist nur bekannt, daß die Eiablage im Spätsommer erfolgt, wobei die 1 bis 1,5 mm großen Eier eine Entwicklungszeit von 18 bis 20 Tagen benötigen. Die Jungtiere sind nach 2 Jahren ausgewachsen.

Verbreitung: *M. plicatula* ist in Mitteleuropa weit verbreitet und kommt in Ostfrankreich, dem südlichsten Belgien, der Schweiz, Deutschland (außer im Nordwesten), Österreich, der Tschechoslowakei, Polen, Dänemark und Südskandinavien vor. Ein etwas isoliertes Verbreitungsgebiet in Nordungarn.

Macrogastra plicatula, Kassel NH
Macrogastra plicatula, Gehäuse
Macrogastra plicatula, Gehäusemündung

Clausilia parvula (Ferussac 1807)
Kleine Schließmundschnecke

Verbreitungstyp: mitteleuropäisch.

Gehäusegröße: 8 bis 9,5 mm x 2 bis 2,2 mm.

Beschreibung: Das dunkel rotbraune, spindelförmige Gehäuse von *C. parvula* ist sehr klein und besitzt 9 bis 10 Umgänge. Diese erscheinen mit dem bloßen Auge ziemlich glatt, sind aber sehr fein und dicht gestreift, wobei die Streifen von feinen Spirallinien (Lupe) gekreuzt werden. Die birnenförmige Mündung ist innen braun und hellt sich zum verstärkten und umgeschlagenen Mundsaum etwas auf. Unterlamelle tief liegend, jedoch noch gut sichtbar. Zwischen Ober- und Unterlamelle sind keine Falten vorhanden, jedoch palatal eine Gaumenschwiele, die im Bereich des Sinulus schwach erhaben ist und basal als parallel zur deutlich ausgebildeten Basalrinne eine nach innen laufende, schmale kräftige Falte (falsche Gaumenfalte) ausbildet.

Habitat: *C. parvula* ist eine calciphile Art die in Wäldern und Hecken lebt und an Felsen, unter Geröll, oft auch an Ruinen, alten Gemäuern und Kalksteinbrüchen, wo sie bei feuchtem Wetter zahlreich umherkriechen, zu finden ist. Außerdem besiedelt sie auch trockene, kurzrasige Kalkmagerrasen. Hier verkriechen sich die Tiere bei anhaltender Trockenheit unter größere Steine, wodurch kleinere Ansammlungen entstehen.

Verbreitung: Das Verbreitungsgebiet erstreckt sich über Mittel- und Ostfrankreich, die Schweiz, Österreich, Deutschland (außer die Norddeutsche Tiefebene) und Südbelgien. In der Tschechoslowakei verstreut vorkommend und von hier nach Polen über das Riesengebirge, die Tatra und den südpolnischen Jura einstrahlend.

Clausilia parvula, Sontra NH
Clausilia parvula, Gehäuse
Clausilia parvula, Gehäusemündung

Clausilia bidentata (Ström 1765)
Zweizähnige Schließmundschnecke

(= **C. nigricans** [Moton et Rackett] = **C. rugosa** [Draparnaud])

Verbreitungstyp: atlantisch-nordwesteuropäisch.

Gehäusegröße: 9 bis 12 mm x 2,3 bis 2,7 mm.

Beschreibung: Das rötlichbraune oder dunkelbraune Gehäuse von *C. bidentata* ist schlanker und größer als das der vorangegangenen Art. Die Rippung auf der Gehäuseoberfläche ist fein und regelmäßig (jedoch gröber und mit weiteren Abständen als bei *C. parvula*), wobei einzelne Rippen meist bis zur Hälfte weiß sind und dadurch dem Gehäuse ein gestricheltes Aussehen verleihen. Außerdem werden die Rippen von feinen Spiralstreifen gekreuzt, was man am besten bei einer 20- bis 30fachen Vergrößerung sieht. Auf dem vorletzten Umgang befinden sich ca. 11 Rippen pro mm. Alte Gehäuse sind oft ausgeblichen und korodiert, so daß die Rippenstruktur völlig zerstört sein kann. Die Mündung ist von birnenförmiger Gestalt, innen braun und auf der Lippe hellbraun bis weißlich. Die Unterlamelle ist schwach ausgebildet, gelegentlich gegabelt und dann fast den Mundsaum erreichend. Zwischen der Ober- und Unterlamelle befindet sich meist eine, gelegentlich auch zwei Fältchen, die jedoch oft auch ganz fehlen. Basalrinne und Gaumenfalte gleichen sehr der von *C. parvula.*

Habitat: *C. bidentata* ist eine gesteinsindifferente Art, die in mäßig feuchten Wäldern und Gebüschen lebt, wo sie sich gern an Felsen, sowie in den Spalten alter Gemäuer aufhält. Selbst alte verwitterte und bemooste Betonmauern werden besiedelt. So fand ich eine reich besetzte Kolonie an einer alten Stützmauer der Eisenbahnstrecke südlich von Hannoversch-Münden.

Verbreitung: Das Verbreitungsgebiet erstreckt sich über Frankreich, Belgien, Niederlande, Großbritannien, Deutschland (außer im Süden), Dänemark und Südskandinavien. Nach Osten reicht es bis ins nordwestliche Polen, von wo es nach Nordböhmen in die Tschechoslowakei einstrahlt. Außerdem noch ein isoliertes Gebiet in Westböhmen.

Clausilia bidentata, Kassel NH
Clausilia bidentata, Gehäuse
Clausilia bidentata, Gehäusemündung

4 Clausilia dubia (Draparnaud 1805) Gitterstreifige Schließmundschnecke

(= **C. cravenensis** Taylor)

Verbreitungstyp: mitteleuropäisch.

Gehäusegröße: 11 bis 14 mm x 2,7 bis 3,2 mm.

Beschreibung: Diese Art ist in den Gehäusemerkmalen sehr variabel, so daß einige geographische Rassen unterschieden werden. Insbesondere in Österreich im Bereich der Süd- und Ostalpen haben sich zahlreiche Rassen herausgebildet.
Das hornbraune bis rötlichbraune Gehäuse ist mehr oder weniger bauchig und von spindelförmiger Gestalt. Die Rippung auf der Gehäuseoberfläche ist weiter als bei der vorangegangenen Art und beträgt auf dem vorletzten Umgang ca. 8 bis 10 Rippen pro mm. Sie werden von einer feinen jedoch deutlich sichtbaren Spiralstruktur gekreuzt. Der Mundsaum der birnenförmigen Mündung ist nur leicht umgeschlagen und schwach gelippt. Die Unterlamelle liegt ziemlich tief in der Mündung, zwischen ihr und der Oberlamelle sind keine Falten vorhanden. Eine Gaumenschwiele ist vorhanden und mehr oder weniger stark ausgebildet. Auch die neben der deutlich ausgebildeten Basalrinne liegende untere Palatalfalte (falsche Palatalfalte) ist oft nur schwach entwickelt.

Habitat: *C. dubia* lebt oft sehr zahlreich an feuchten, schattigen Felsen und Mauern, ist aber als kalkliebende Art auch an bemoosten Bäumen und in der Laubstreu zu finden. Lebt vorwiegend im Gebirge.

Verbreitung: Die Gesamtverbreitung von *C. dubia* gliedert sich in ein großes zusammenhängendes und mehrere zerstreute, kleinere und ganz kleine Gebiete. Die Hauptverbreitung erstreckt sich über Süd- und Ostfrankreich, das südlichste Belgien, und Deutschland (außer die Norddeutsche Tiefebene wo sie nur im holsteinischen und schleswigschen Küstengebiet vereinzelt vorkommt). Weiterhin über die Schweiz, Österreich, die Tschechoslowakei und Ungarn. In den beiden letztgenannten Ländern keine Vorkommen in der Ebene. In Polen hauptsächlich im Süden in den Gebirgen. Zerstreute Vorkommen in Nordengland, den Niederlanden, Dänemark (Insel Mön) und Südskandinavien.

Clausilia dubia, Kassel NH
Clausilia dubia, Gehäuse
Clausilia dubia, Gehäusemündung

❹ **Clausilia cruciata** (Studer 1820)
Scharfgerippte Schließmundschnecke

Verbreitungstyp: alpin und nordeuropäisch.

Gehäusegröße: 9 bis 11 mm x 2,3 bis 2,5 mm.

Beschreibung: Das bräunlich hornfarbene, spindelförmige Gehäuse von *C. cruciata* ist gedrungener und kleiner als das der vorangegangenen Art und besitzt 9 bis 11 Umgänge. Die Gehäuseoberfläche ist verhältnismäßig weit gerippt, wobei auf den letzten Umgang ca. 6 bis 7 Rippen pro mm kommen. Wie bei vorangegangenen Arten sind auch bei dieser Art die Rippenkämme nicht zuletzt durch Abrieb und Korosion oft weißlich ausgebildet. Die Mündung ist von schmal rhombischer Gestalt, mit breitem, nur wenig nach oben gezogenem Sinulus und weißlichem Mundsaum, der nur wenig nach außen gebogen ist. Im Innern ist sie gelblichbraun gefärbt. Die Unterlamelle ist zum Mundsaum und zum Mündungsinneren hin gegabelt, ähnlich einem flachgedrückten X (✕). Zwischen Ober- und Unterlamelle befinden sich 1 bis 3 (meistens 2) Falten. Die weiße Gaumenschwiele ist stark ausgebildet und geht basal in eine kräftige Gaumenfalte über.

Habitat: Die Lebensräume dieser gesteinsindifferenten Art liegen vorwiegend im montanen Bereich, wobei sie in Österreich bis in eine Höhenlage von 2260 m ü. NN anzutreffen ist. Bevorzugt werden feuchte Misch- und Nadelwälder besiedelt, ist aber auch oberhalb der Baumgrenze anzutreffen. Gern hält sie sich unter morschem Holz und an bemoosten Baumstubben auf und steigt bei feuchtem Wetter an Bäumen und Felsen empor.

Verbreitung: Auch Clausilia cruciata besiedelt wie die vorangegangene Art kein geschlossenes Gebiet, sondern die Verbreitung ist in 3 größere und weiter auseinander liegende Areale und mehrere zerstreute Vorkommen gegliedert. Das erste Areal erstreckt sich über das östlichste Frankreich, die Nordschweiz, Österreich und Deutschland. Hier hauptsächlich im Süden, nach Norden liegt die Verbreitungsgrenze auf der Linie Schwarzwald, Odenwald, Vogelsberg und Rhön bis zum Harz in Mitteldeutschland. Die beiden anderen Areale befinden sich in Mittelskandinavien und zwar in Norwegen/Schweden (bis zu 62° und 64° N) und in Finnland (bis zu 63° N). Die zerstreuten Vorkommen liegen vorwiegend in den Gebirgen der Tschechoslowakei und Polen.

Clausilia cruciata, Grenzacher Horn Bd-Wb
Clausilia cruciata, Gehäuse
Clausilia cruciata, Gehäusemündung

❹ **Clausilia pumila** (C. Pfeiffer 1828) **Keulige Schließmundschnecke**

Verbreitungstyp: mittel- und osteuropäisch.

Gehäusegröße: 12 bis 13 mm bis 3,4 mm.

Beschreibung: In den Umrissen dem Gehäuse von *C. cruciata* ähnlich, aber durch den allmählich ausgezogenen Spitzenteil deutlich keulig erscheinend. Das hornbraune Gehäuse besteht aus 10 bis 12 Umgängen, die auf der Gehäuseoberfläche relativ weit gerippt sind. Die Anzahl der Rippen auf dem vorletzten Umgang beträgt etwa 6 Rippen pro mm. Die Rippen werden von feinen, nicht immer sichtbaren Spiralstreifen gekreuzt. Die Unterlamelle ähnelt in Bezug auf die Gabelung sehr der von *C. cruciata,* ist aber nicht so deutlich ausgebildet. Zwischen Ober- und Unterlamelle faltenlos glatt, oder mit einem undeutlichen Fältchen besetzt. Die gelegentlich fehlende Gaumenschwiele und die untere Palatalfalte sind nur schwach entwickelt und wenig erhaben.

Anmerkung: Im Bereich der Stadt Kassel fand ich eine zahlreich besetzte Population von *C. pumila,* die eine mit Quellhorizonten durchsetzte Feuchtwiese (bestanden mit Hochstaudenfluren), entlang eines mit Schwarzerlen bestandenen Baches, besiedelt. Die meisten Gehäuse der lebenden Schnecken waren dermaßen stark korodiert, daß keine Gehäusestruktur mehr zu erkennen war.

Habitat: *C. pumila* ist eine gesteinsindifferente Art der feuchten Wälder und lebt vorwiegend in der Ebene (besonders in Auwäldern als Charakterart auftretend), ist jedoch auch im Gebirge bis in eine Höhenlage von 1800 m ü. NN zu finden. Sie lebt am Boden unter Laub und abgestorbener Vegetation und steigt bei feuchter Witterung gelegentlich an den Pflanzen, seltener an Bäumen empor.

Verbreitung: Die Westgrenze des Verbreitungsgebietes zieht sich durch Deutschland von Norden nach Süden grob auf der Linie Ostdänische Küste, Hamburg, Harz, Thüringer Wald, Bamberg, Würzburg und Regensburg. Nach Osten reicht das Verbreitungsgebiet über Österreich, Nordungarn, die Tschechoslowakei und einen großen Teil von Polen und nach Norden bis Südschweden.

Clausilia pumila, Kassel NH
Clausilia pumila, Gehäuse
Clausilia pumila, Gehäusemündung

4 **Neostyriaca corynodes** (Held 1836)
Kalkfelsen-Schließmundschnecke
(= **Graciliaria corynodes** [Held])

Verbreitungstyp: alpin.

Gehäusegröße: 9 bis 11 mm x 2,2 bis 2,4 mm.

Beschreibung: Aufgrund der Gestalt und der mit bloßem Auge glatt erscheinenden Gehäuseoberfläche, ist sie dem – jedoch wesentlich kleineren – Gehäuse von *C. parvula* sehr ähnlich. Das dunkelrötlichbraune (auch rötlichviolett schimmernde) Gehäuse besitzt 10 bis 12 Umgänge, die auf der Gehäuseoberfläche dicht und fein gerippt sind. Die Rippenkämme sind gerundet und nur wenig erhaben. Das Innere der birnenförmigen Mündung ist gelblich, der Mundsaum jedoch weiß. Die Unterlamelle endet weit unterhalb des Mündungsrandes und ist ungegabelt. Zwischen ihr und der weit in die Mündung verlaufenden Oberlamelle sind keine Falten vorhanden. Die Gaumenschwiele ist weiß und läuft basal als Erhebung an der Basalrinne aus.

Habitat: *N. corynodes* ist eine calciphile Gebirgsart. Sie ist sehr feuchtigkeitsliebend und besiedelt in der Regel moosbewachsene Felsen und Geröll, gelegentlich ist sie auch an in der Nähe stehenden Bäumen zu finden, vor allem wenn diese bemooste Flächen aufweisen.

Verbreitung: Die beiden Verbreitungsgebiete von *Neostyriaca corynodes* liegen vorwiegend im Alpenraum. Das westliche Vorkommen reicht von den nördlichen Kalkalpen Frankreichs, über die Nordschweiz bis nach Süddeutschland (Schwarzwald, Bodensee und westliche Schwäbische Alp). Dagegen liegt das östliche Vorkommen fast ausschließlich in Mittelösterreich und strahlt nur wenig nach Südostbayern (Allgäuer Alpen) ein.

Neostyriaca corynodes, Grenzacher Horn Bd-Wb
Neostyriaca corynodes, Gehäuse
Neostyriaca corynodes, Gehäusemündung

Familie Clausiliidae
Schließmundschnecken

Unterfamilie Baleinae

Lanciniaria plicata (Draparnaud 1801)
Faltenrandige Schließmundschnecke

Verbreitungstyp: mittel- und osteuropäisch.

Gehäusegröße: 15 bis 18 mm x 3,3 bis 3,6 mm.

Beschreibung: Das hornbraune Gehäuse besitzt 12 bis 13 Umgänge und ist von hoher schlanker Gestalt mit allmählich sich verjüngendem Gewinde. Die Gehäuseoberfläche ist verhältnismäßig dicht und regelmäßig gerippt, wobei einzelne Rippenkämme zur Naht hin weißlich sind. Auf dem vorletzten Umgang etwa 6 bis 7 Rippen pro mm. Der Mundsaum ist nur wenig erweitert und rundherum abgelöst. Charakteristisch ist für diese Art die große Anzahl von 6 bis 9, mehr oder weniger stark ausgebildeten auf der Mundsaumlippe sitzenden Zähne. Diese sind nur selten stark abgerundet oder fehlen ganz. Zwischen Ober- und Unterlamelle befinden sich 2 bis 3 Falten. Eine untere Gaumenfalte ist nicht vorhanden.

Habitat: *L. plicata* bewohnt als gesteinsindifferente Art bevorzugt die offene Landschaft, wo sie an feuchten Felsen, alten bemoosten Mauern, einzelnen Steinblöcken und zwischen Geröll, jedoch nur selten auch an Baumstämmen, anzutreffen ist. In Wäldern kommt sie weniger häufig vor. Die Höhenverbreitung geht von 160 bis 2300 m ü. NN.

Verbreitung: Die Verbreitung dieser Art ist ziemlich lückenhaft und zerstreut. Sie erstreckt sich über Ostfrankreich (Jura, Vogesen und Ardennen), die Schweiz, Österreich, hier mit einer größeren Verbreitungslücke in Mittelösterreich, die sich bis ins südöstliche Deutschland hineinzieht. Dort fehlt sie auch in weiten Bereichen der Norddeutschen Tiefebene und siedelt in den übrigen Bereichen mehr sporadisch in den Berg- und Hügelländern. Weiter zieht sich die Verbreitung über Ungarn, die Tschechoslowakei und Polen. Im Ostseebereich nur einzelne zerstreute Vorkommen auf den dänischen Inseln und im Küstenbereich von Nordostdeutschland.

Lanciniaria plicata, Sontra/Wichmannshausen NH
Lanciniaria plicata, Gehäuse
Lanciniaria plicata, Gehäusemündung

Balea biplicata (Montagu 1803) **Gemeine Schließmundschnecke**

(= **Laciniaria biplicata** [Montagu])

Verbreitungstyp: mitteleuropäisch.

Gehäusegröße: 16 bis 18 mm (max. 22 mm) x 3,8 bis 4,0 mm.

Beschreibung: Das hornbraune Gehäuse ist dem von *L. plicata* sehr ähnlich, jedoch sind die letzten Umgänge etwas bauchiger und die Abstände der Rippung gröber und weiter ausgebildet. Auf den vorletzten Umgang kommen etwa 5 bis 6 Rippen pro mm. Die Gehäusemündung ist basal schwach zugespitzt und hat eine deutliche Basalrinne. Die Unterlamelle ist nicht sehr stark ausgebildet, des öfteren in zwei Fältchen gegabelt, die auch in Knötchen aufgelöst sein können. Zwischen Unter- und Oberlamelle keine Falten vorhanden. Die mittlere Gaumenfalte ist bei direkter Einsicht in die Mündung zu sehen. Eine untere Gaumenfalte ist nicht vorhanden.

Habitat: *B. biplicata* ist ein Kulturfolger, die oft in größerer Anzahl im menschlichen Siedlungsbereich anzutreffen ist. Sie lebt am Boden in der Laubschicht, steigt aber auch an Bäumen empor. Dicht besiedelte Populationen sind häufiger in Brennesselbeständen zu finden. Insgesamt werden mehr feuchte, als trockene Biotope besiedelt.

Biologie: *B. biplicata* ist lebendgebärend. Die Jungen werden von April an bis in den Oktober geboren. Insgesamt sind es zwischen 1 und 11 Stück die in Abständen von 2 bis 3 Minuten hervorgebracht werden. Nach der Geburt sind die Jungen noch von einer Schleimhülle umgeben, die sie noch einige Tage aneinander heftet bis sie dann davonkriechen. Ihr Gehäuse mißt 1,8 mm x 1 mm und besitzt 2½ völlig glatte Umgänge. Die Nahrung besteht vorwiegend aus welken Pflanzenteilen, weiterhin werden auch höhere Pilze und seltener grüne Pflanzen gefressen. Nach ca. 8 bis 10 Monaten sind die Jungtiere ausgewachsen und können ein Alter von 3½ Jahren erreichen.

Verbreitung: Die Verbreitung erstreckt sich über Belgien, die Niederlande, Deutschland, die nordöstliche Schweiz, Österreich (hier im Südalpenbereich seltener), die Tschechoslowakei und Nordungarn, wo auch getrennte Vorkommen im Süden liegen. Weiterhin in West- und Südwestpolen, auf den dänischen Inseln und an der Ostseeküste und im südlichen Schweden.

Balea biplicata, Gudensberg NH
Balea biplicata, Gehäuse
Balea biplicata, Gehäusemündung

Balea perversa (Linnaeus 1758) Zahnlose Schließmundschnecke

Verbreitungstyp: westeuropäisch.

Gehäusegröße: 8 bis 10 mm x 2,2 mm.

Beschreibung: Das dünnwandige, bräunlich oder grünlich seidig glänzende Gehäuse ist von charakteristischer spitzkegliger Gestalt und besitzt 9 bis 10 Umgänge, die sehr dicht, fein und regelmäßig gerippt sind. Vereinzelte Rippenkämme sind zur Naht hin weißlich. Die Mündung ist von fast quadratischer Form, der Mundsaum dünn und zerbrechlich und nur wenig nach außen erweitert. Im Mündungsinneren ohne Zähne, oder nur mit einem sehr kleinen und schwachen Parietalzahn. Ein Clausilium ist nicht vorhanden.

Habitat: *B. perversa* lebt an trockenen, exponierten felsigen Standorten und alten Gemäuern. Wesentlich seltener kommt sie auch an bemoosten und exponiert stehenden, alten Baumstämmen vor. Bei anhaltender Trockenheit findet man sie am ehesten unter den überhängenden, in den Mauerfugen und Gesteinsspalten siedelnden Pflanzen, wo sie oft sehr zahlreich in allen Altersstufen zusammengedrängt sitzen.

Anmerkung: Auffallend bei dieser Art sind die zahlreichen, isolierten Vorkommen an Ruinen. Dies führt Klemm (1973) auf die Verbreitung durch Vögel zurück. Er nennt hier für Österreich insbesonders den Seidenschwanz (*Bombycilla garrulus*), der in Schwärmen solche exponierten Standorte als Schlafplatz aufsucht. Der Verfrachtung durch Vögel kommt hier das Verhalten von *B. perversa* entgegen, die sich bei Berührung sofort fallen läßt, sich dann jedoch gleich wieder anheftet, zum Beispiel an den Füßen und Zehen der Vögel. Außerdem wird die Gründung einer neuen Kolonie durch den Umstand gefördert, daß *B. perversa* als lebendgebärende Art, trockene Lebensräume schneller als andere Arten besiedeln kann.

Verbreitung: In Europa weit verbreitet, stellenweise jedoch sehr zerstreut vorkommend und nach Osten seltener werdend. Das Verbreitungsgebiet erstreckt sich über Frankreich, die Schweiz, Deutschland (außer die Norddeutsche Tiefebene), Österreich (im Südosten seltener), Nordungarn, die Tschechoslowakei, Belgien, die Niederlande, die gesamten Britischen Inseln und Dänemark. In Skandinavien in Südschweden und entlang der norwegischen, schwedischen und südfinnischen Küste vorkommend.

Balea perversa, Ruine Weidelsburg bei Naumburg NH
Balea perversa, Gehäuse
Balea perversa, Gehäusemündung

Familie Bradybaenidae
Strauchschnecken

Die Hauptverbreitung dieser Familie liegt in Asien. In Europa kommt nur eine Art *Bradybaena fruticum* vor.

Bradybaena fruticum (O. F. Müller 1774) **Genabelte Strauchschnecke**

(= **Eulata fruticum** [O. F. Müller]
= **Fruticicola fruticum** [O. F. Müller])

Verbreitungstyp: mittel- und osteuropäisch, asiatisch.

Gehäusegröße: 10 bis 19 mm x 13 bis 23 mm.

Beschreibung: Das kugel- bis gedrücktkugelförmige Gehäuse mit konischem Gewinde, besitzt 5 bis 6½ gewölbte und ziemlich regelmäßig anwachsende Umgänge, die von einer tiefen Naht getrennt werden. Der Nabel ist eng, tief und nimmt etwa 1/7 der Gehäusebreite ein. Bei ausgewachsenen Exemplaren wird er etwas von dem nur wenig erweiterten, jedoch im Spindelbereich stärker umgeschlagenen Mundsaum bedeckt. Dieser ist innen mit einer schwachen Lippe belegt. Die Mündung ist ziemlich rund und wird nur durch die Mündungswand bogig ausgeschnitten. Auf der Gehäuseoberfläche sind wenig erhabene, unregelmäßige Zuwachsstreifen zu erkennen, die von feinen, leicht wellenförmigen Spiralstreifen gekreuzt werden. Die transparenten Gehäuse sind verschieden gefärbt. So können innerhalb einer Population einfarbig weiße, gelbliche, oder fleischfarbene bis hell rotbraune Exemplare angetroffen werden. Bei ausgewachsenen Tieren befindet sich parallel zum Mundsaum ein schmales Farbband, das nur etwas kräftiger als die Gehäusefärbung ist. Gelegentlich kommen auch Exemplare mit einem rötlichbraunen Farbband entlang der Peripherie vor. Bei lebenden Tieren erscheint das Gehäuse gefleckt und dunkler, da die Mantelfärbung sowie seine Fleckung durchscheinen.

Anmerkung: Am Kaiserstuhl fand ich in der Nähe des Badberges eine Population von *B. fruticum* deren Mantel zitronengelb war, so daß die weißen Gehäuse gelb erschienen.

Habitat: *B. fruticum* lebt bevorzugt an feuchten Orten kann aber auch an etwas trockeneren Biotopen angetroffen werden. Sie besiedelt Hek-

Bradybaena fruticum, Kassel NH
Bradybaena fruticum, Gehäuse typische Färbung

ken, Gebüsche und Waldränder, sowie Hochstaudenfluren, Gräben und Raine. In feuchten Hochstaudenfluren entwickeln sich oft starke Populationen, so daß die Tiere sehr zahlreich an den Pflanzen emporsteigen und an trockenen Tagen überall angeheftet sitzen. In den Alpen ist sie bis in eine Höhenlage von 1700 m ü. NN zu finden.

Biologie: Die Fortpflanzungsperiode beginnt schon wenige Tage nach dem Verlassen des Winterquartieres und zieht sich bis in den Herbst (Anfang Oktober) hinein, wobei es in diesem Zeitraum mehrmals zu Kopulationen und Eiablagen kommt. Besonders an warmen Regentagen kann man zahlreiche Tiere bei der Kopulation, die ca. 4½ Stunden dauert, beobachten. Zur Eiablage gräbt das Tier einen 2 cm tiefen Gang, an dessen Ende sich eine 2 cm große Höhlung befindet. Insgesamt werden dort zwischen 10 bis 30 Eier abgelegt. Entnimmt man die Eier und bringt sie ins Trockene, so haben sie die Eigenart durch Austrocknung schon nach kurzer Zeit unter einem hörbaren Knall zu explodieren wobei sie zerrissen und weggeschleudert werden. Die kugeligen, festschaligen und undurchsichtigen Eier haben einen Durchmesser von 2,5 bis 3,0 mm. Nach einer temperaturabhängigen Entwicklungszeit von 25 bis 42 Tagen schlüpfen die Jungen aus. Ihr durchsichtiges Gehäuse ist von gelblichweißer Färbung und mißt etwa 2,1 bis 2,4 mm x 2,0 mm und hat 1½ Umgänge. Die Nahrung besteht vorwiegend aus grünen Pflanzenteilen und erst im Herbst werden auch vermehrt welke Pflanzenteile gefressen. Dies ist auch darauf zurückzuführen, daß *B. fruticum* sich erst im November zur Winterruhe unter Laub und modernden Pflanzenteilen verkriecht. Sie verschließt dann ihr Gehäuse mit 1 bis 2 Diaphragmen. *B. fruticum* kann etwa 3½ Jahre alt werden. In Gefangenschaft gehaltene Exemplare können ein Alter von 5½ bis 6½ Jahren erreichen.

Verbreitung: Die Verbreitung erstreckt sich von Ostfrankreich in Richtung Osten über die Schweiz, Deutschland, Österreich, Ungarn und die Tschechoslowakei. Nach Norden über Belgien, die südlichen Niederlande, Dänemark und Ostskandinavien.

Bradybaena fruticum mit weißem Gehäuse, das aufgrund des durchscheinenden gelb gefärbten Körpers gelb erscheint

Bradybaena fruticum, Gehäuse mit rotem Spiralband

Bradybaena fruticum bei der Kopulation

Familie Sphincterochilidae

Diese vorwiegend im Mittelmeerraum vorkommende Familie zeichnet sich durch dickwandige, massive, weiße Gehäuse aus, durch die sie gut an den heißen Lebensraum angepaßt sind.

Sphincterochila candidissima (Draparnaud 1801)
(= **Leucochroa candidissima** [Draparnaud])

Verbreitungstyp: mediterran.

Gehäusegröße: 12 bis 16 mm x 15 bis 22 mm.

Beschreibung: Das dickwandige kugelförmige Gehäuse besitzt 4½ bis 5 gleichmäßig anwachsende Umgänge, die von einer sehr seichten Naht getrennt werden. Die Endwindung senkt sich zur Mündung hin rasch ab. Der Mundsaum ist nur sehr wenig erweitert, innen jedoch verstärkt. Bei ausgewachsenen Tieren ist der Nabel durch die Spindelkante völlig bedeckt. Jungtiere unterscheiden sich durch einen offenen Nabel und einen charakteristisch scharf gekielten letzten Umgang. Die Gehäuseoberfläche ist von opak weißer, porzellanähnlicher Färbung.

Habitat: Diese ausgesprochen wärmeliebende (xerophile) Art besiedelt extrem warme Standorte, wie sonnenexponierte Felsen und Mauern und ausgedorrte, sonnendurchglühte grasige Biotope. Bei anhaltender Trockenheit, verkriechen sich die Tiere und verschließen ihr dickwandiges Gehäuse mit einem weißen, undurchsichtigen Diaphragma. Sie sind dann nur vereinzelt zu finden, treten jedoch nach Regen oft in Massen auf.

Verbreitung: Diese gemeine mediterrane Art ist in der Provence überall, stellenweise sehr häufig. Die Verbreitung reicht nach nördlich bis Nyons (Drome) und westlich bis Nimes (Gard).

Spincterochila candidissima, Mouries SF
Spincterochila candidissima, Gehäuse

Familie Helicidae
Schnirkelschnecken

Unterfamilie Helicellinae
Heideschnecken

Die Vertreter der Unterfamilie Helicellinae besitzen in der Regel ein dickwandiges, kugeliges oder scheibenförmiges, mehr oder weniger gedrücktes Gehäuse, das in Größe, Färbung und in Bezug auf die in der Regel vorhandene Bänderung sehr variabel ist. So können je nach den lokalen Einflüssen (Kleinklima, Nahrung) Formen entstehen, die gegenüber dem normalen Arttypus dominieren oder die verschiedensten Formen und Färbungsvarianten kommen am gleichen Standort vor. Die größte Formenfülle finden wir im Mittelmeerraum, die in Deutschland vorkommenden Arten waren ursprünglich nicht alle hier heimisch, sondern wurden teilweise durch Verschleppung eingebürgert. Die meisten Arten lassen sich nach Gehäusemerkmalen bestimmen, jedoch einige wenige ähneln sich so stark, daß eine Bestimmung nach anatomischen Merkmalen nötig ist (s. Abb. S. 66).
Die meisten Arten bewohnen trockene, warme, kalkhaltige Standorte mit geringem Pflanzendeckungsgrad und dadurch bedingter hoher Lichtintensität. Da in solchen Biotopen, besonders wenn es nach Süden exponierte Hänge sind, nicht selten Bodentemperaturen von 50 bis 70 °C auftreten, setzt dies die Fähigkeit voraus, durch entsprechendes Verhalten auch längere Trockenperioden zu überdauern. An heißen Tagen kriechen die Schnecken an Gräsern, dürren Pflanzenstengeln und Felsen empor, um sich in einiger Höhe über dem Erdboden, wo das Substrat annähernd Lufttemperatur beträgt, anzuheften. Das Gehäuse wird mit einem Diaphragma, in dem sich ein kleines Loch für die Luftzirkulation der Atmung befindet, verschlossen. In diesem Zustand (Trockenschlaf) kann die Schnecke heißes, trockenes Wetter lange überdauern. Hält die trockene warme Witterung jedoch Wochen oder gar Monate an, so schrumpft der Körper zusehends durch Verdunstung der Körperflüssigkeit zusammen, wobei das Tier, um den Verdunstungsschutz zu erhöhen, das Diaphragma durch Kalkeinlagerungen verstärkt oder weitere Verschlußhäutchen mit Zwischenräumen anlegt, was die Verdunstung verlangsamt. Kleinere Arten verkriechen sich auch unter Steinen und in Erd- oder Felsspalten, um mit den gleichen Schutzmechanismen dort Schutz vor Hitze und Trockenheit zu suchen. Bei eintretender Feuchtigkeit werden die Schnecken wieder aktiv und nehmen die verlorene Körperflüssigkeit schnell wieder auf.

Cernuella aginnica im Trockenschlaf

❷ **Candidula unifasciata** (Poiret, 1801) **Quendelschnecke**

(= **Helicella candidula** [Studer] = **H. rugosiuscula** [Michaud] = **C. soosiana** [J. Wagner])

Verbreitungstyp: west- und mitteleuropäisch.

Gehäusegröße: 3 bis 6 x 5 bis 9 mm.

Beschreibung: Das feste Gehäuse von *C. unifasciata* ist von gedrückt kugeliger Gestalt mit konischem Gewinde und besitzt 5 bis 6 gewölbte, von einer tiefen Naht getrennte Umgänge. Die Gehäuseoberfläche ist fein und regelmäßig gerippt, wobei auf dem letzten Umgang auch eine gröbere Rippung auftritt. Der verhältnismäßig enge Nabel nimmt ⅕ bis ⅐ der Gehäusebreite ein und ist tief leicht exzentrisch. Die ovale Mündung ist leicht abgesenkt, oben abgeflacht und unten mit einer starken erhabenen Lippe versehen, die manchmal auch sehr flach ist oder ganz fehlen kann. Das weiße Gehäuse ist in der Regel, durch ein oberhalb der Peripherie verlaufendes, dunkles Spiralband gekennzeichnet, was unterbrochen oder völlig aufgelöst sein kann.

Habitat: *C. unifasciata* lebt an trockenwarmen rasigen Kalkstandorten von der Ebene bis ins Gebirge. Außerdem kommt sie auch an felsigen Orten und auf Dünen vor. Die Höhenverbreitung liegt in den Alpen bei 2000 m ü. NN.

Biologie: Die Biologie gleicht sehr der von *H. itala*. Das Gelege besteht aus 22 bis 56 weißlichen, leicht ellipsoidischen Eiern, mit einem Durchmesser von 0,7 bis 1,0 mm.

Verbreitung: Ein zusammenhängendes Verbreitungsgebiet erstreckt sich von Frankreich (außer im Westen) über die Schweiz, Westösterreich, Deutschland, Belgien und Nordholland. In Deutschland nördlich bis zur Linie Teutoburger Wald – Harz, darüber hinaus [illegible] kleinere Verbreitungsgebiete und Vorkomme[illegible]

4 **Candidula intersecta** (Poiret 1801)
Gefleckte Heideschnecke
(= Helicella caperata [Montagu])

Verbreitungstyp: westeuropäisch.

Gehäusegröße: 5 bis 8 x 7 bis 13 mm.

Beschreibung: Das kugelförmige, jedoch stark gedrückte Gehäuse von *C. intersecta* hat 5 bis 6½ regelmäßig zunehmende, leicht gewölbte Umgänge, die von einer seichten Naht getrennt werden. Das Gewinde ist gewölbt und flachkonisch ausgebildet. Der Nabel mäßig weit und etwas exzentrisch. Die Mündung ist fast rund und hat einen scharfen Mundsaum, der im Bereich der Spindel etwas nach außen gebogen ist. Im Mündungsinneren befindet sich – ein wenig vom Mündungsrand entfernt – eine mäßig stark ausgebildete weiße Lippe. Die Gehäuseoberfläche ist deutlich unregelmäßig gerippt und hat eine weiße bis rötlichgelbe Grundfärbung, auf der sich dunkle Spiralbänder, die oft auch in Flecke aufgelöst sind, befinden. Die Gehäusefärbung und die Muster sind sehr variabel, so daß die Bänder unterbrochen, verschmolzen oder farblos sind, oder auch völlig fehlen können und einfarbig weiße oder braune Gehäuse entstehen.

Habitat: *C. unifasciata* lebt an trockenen, wenig bewachsenen Standorten und ist besonders auf kurzrasigen Hängen und auf Dünen zu finden. Nach lang anhaltender trockener Witterung sind die Tiere nur sehr schwer zu finden, da sie sich eingraben. In Südfrankreich fand ich sie fast nur unter großen Steinen, an dem sie angeheftet waren und im lokkeren Erdreich zwischen anderen Arten (*Granaria variabelis, Granopupa granum*) lagen. Das Gehäuse war stets mit einem undurchsichtigen weißen Diaphragma verschlossen.

Verbreitung: Die Verbreitung erstreckt sich über West- und Nordfrankreich, Belgien, Holland (in den Süden von Belgien einstrahlend, ansonsten nur entlang der Küste) und die Britischen Inseln. Auch hier im Nordwestlichen Teil nur entlang der Küste. In Deutschland im Norden (Schleswig-Holstein) und ein einzelnes Vorkommen bei Hannover. In Dänemark entlang der Ostküste und auf den Ostseeinseln.

Candidula intersecta, Notre-Dame-de-Monts WF
Candidula intersecta, Gehäuse

Candidula gigaxii (L. Pfeiffer 1850)
Helle Heideschnecke
(= **Helicella gigaxii** [L. Pfeiffer] = **H. heripensis** [Mabille])

Verbreitungstyp: westeuropäisch.

Gehäusegröße: 4 bis 8 x 6 bis 15 mm.

Beschreibung: Das Gehäuse besitzt 5 bis 5½ schwach gewölbte Umgänge, die von einer seichten Naht getrennt werden. Die Gehäuseoberfläche ist stark gedrückt und hat ein niedriges konisches Gewinde und einen mäßig weiten Nabel der exzentrisch ausgebildet ist. Die Mündung ist rund und nur mit einer schwachen Lippe versehen. Die Gehäuseoberfläche ist im Gegensatz zur *C. intersecta,* der sie sehr ähnlich ist, verhältnismäßig gleichmäßig fein gerippt. Auf der weißen oder schwach bräunlichen Gehäusegrundfärbung befinden sich in der Regel schmale, unterbrochene, braune Spiralbänder.

Habitat: *C. gigaxii* lebt an warmen, trockenen und kalkhaltigen Orten.

Verbreitung: Die Hauptverbreitung von *C. gigaxii* liegt in Westeuropa und erstreckt sich von West- und Mittelfrankreich nach Westbelgien und entlang der Holländischen Küste über ganz Südostengland. Ein einzelnes Vorkommen in Mittelirland. In Deutschland nur vereinzelte Standorte bei Braunschweig, Hildesheim und in Thüringen.

Candidula gigaxii, Mouries SF
Candidula gigaxii, Gehäuse

D̸ **Cernuella virgata** (Da Costa 1778)
(= **Helicella virgata** [Da Costa] = **H. maritima** [Draparnaud] = **H. variabilis** [Draparnaud])

Verbreitungstyp: mediterran und westeuropäisch.

Gehäusegröße: 6 bis 19 x 8 bis 25 mm.

Beschreibung: Das kugelförmige Gehäuse mit hohem Gewinde besitzt 5 bis 7 gewölbte Umgänge, die von einer mäßig tiefen Naht voneinander getrennt werden. Der Nabel ist eng und wird teilweise von dem nur im Spindelbereich nach außen umgeschlagenen Mündungsrand bedeckt. In der rundlichen Mündung ist innen eine weiße oder bräunliche Lippe vorhanden. Die Gehäuseoberfläche erscheint ziemlich glatt, ist jedoch durch unregelmäßige Zuwachsstreifen gekennzeichnet. Die Färbung und Bänderung sowie auch die Größe der Gehäuse ist sehr variabel, so treten bei weißer bis gelbbrauner Grundfärbung verschiedene Bänderungsversionen auf. Meistens sind die Bänder dunkelbraun und können voll ausgebildet, oder unterbrochen, in Flecke aufgelöst, abgeschwächt miteinander verschmolzen und gelegentlich pigmentlos sein oder auch ganz fehlen.

Habitat: *C. virgata* lebt an verhältnismäßig trockenen und offenen Standorten auf kalkhaltigem Untergrund. Sie ist in trockenen Grasbeständen, auf Ödländereien und Brachfläche sowie in Dünen zu finden. Bei anhaltender Trockenheit sitzt sie manchmal in großer Anzahl im Trockenschlaf an Pflanzenstengeln angeheftet.

Verbreitung: Das Verbreitungsgebiet ist ähnlich der vorangegangenen Art. West- und Mittelfrankreich, entlang der belgischen und niederländischen Küste. In Großbritannien vorwiegend im Süden, im Westen hauptsächlich nur entlang der Küste.

Cernuella virgata, Notre-Dame-de-Monts WF
Cernuella virgata, Gehäuse

Cernuella aginnica (Locard 1894)
(= **C. augustiniana** [Bourguignat]
= **Helicella cespitum** [Draparnaud])

Verbreitungstyp: mediterran.

Gehäusegröße: 6 bis 11 x 8 bis 18 mm.

Beschreibung: Das festwandige Gehäuse von *C. aginnica* ist von kugelförmiger, leicht gedrückter Gestalt mit niedrigem, konischem Gewinde. Die 5 bis 6 gewölbten Umgänge werden durch eine tiefe Naht voneinander getrennt und sind auf der Oberfläche ziemlich regelmäßig fein gestreift. Der Nabel ist mäßig weit ausgebildet und nimmt ca. 1/6 der Gehäusebreite ein. Die Mündung ist rund, der Mundsaum scharf, und im Mündungsinneren befindet sich eine schwache weiße Lippe. Auf der weißen Grundfärbung des Gehäuses befindet sich in der Regel ein aufgelöstes dunkles Band, was auch fehlen kann.

Anmerkung: Im Mai 1986 fand ich bei Mouries in der Nähe von Arles in Südfrankreich eine Population von *C. aginnica.* Die Hauptpopulation befand sich auf Ödland, wobei auch schon angrenzende Olivenhaine besiedelt wurden. Die Schnecken saßen überall sehr zahlreich im Trockenschlaf an der höheren Vegetation. Die meisten Tiere hatten ein einfarbig weißes Gehäuse, während Gehäuse mit einer Bänderung nur vereinzelt gefunden wurden. Als ich im August 1988 den gleichen Ort aufsuchte, bot sich mir ein fantastischer Anblick. Vorwiegend an allen höheren Pflanzen, die noch nicht in der Sommerhitze verdorrt waren und noch Blattgrün hatten, saßen zu Hunderten, teilweise mehrere Tiere übereinandergeklebt – *C. aginnica* im Trockenschlaf. Durch Zählungen und Schätzungen stellte ich an größeren Sträuchern eine Anzahl von je weit über tausend Schnecken fest. Die Population hatte sich enorm entwickelt, jedoch der Anteil von gebänderten Gehäusen zur Gesamtpopulation war gleich geblieben.

Habitat: *C. aginnica* lebt an allen trockenen, offenen Standorten einschließlich der Küstendünen.

Verbreitung: Vorwiegend mediterran, kommt jedoch auch im westlichen Teil von Mitteleuropa vor. In Südfrankreich nördlich bis zur Vienne und Rhone. In Belgien und in den Niederlanden vereinzelt an der Küste.

Cernuella aginnica, Mouries SF
Cernuella aginnica zu Hunderten an Pflanzen angeheftet, Mouris SF

4 **Cernuella neglecta** (Draparnaud 1805) **Rotmündige Heideschnecke**
(= **Helicella neglecta** [Draparnaud])

Verbreitungstyp: westmediterran.

Gehäusegröße: 6 bis 10 x 9 bis 18 mm.

Beschreibung: Das dickwandige, gedrückte Gehäuse besitzt 5 bis 6, ziemlich gleichmäßig anwachsende Umgänge mit flacher Naht. Die Mündung ist leicht oval mit scharfem Mundsaum und im Gegensatz zu *Helicella itala* und *H. obvia* mit einer deutlich ausgebildeten, ein wenig zurückliegenden, Innenlippe. Der Nabel nimmt etwa ¼ bis ⅕ der Gehäusebreite ein. Die Gehäuseoberfläche ist ziemlich glatt und unregelmäßig fein gestreift und von weißer Grundfärbung, worauf sich mehrere braune Bänder befinden, die in einem rotbraunen Mundsaum (charakteristisches Merkmal) enden. Die Variationsbreite in Bezug auf Anzahl, Breite, Vorhandensein oder Fehlen der Bänderung ist sehr groß, so daß sämtliche Übergänge in einer Kolonie angetroffen werden können.

Habitat: *C. neglecta* lebt in trockenen und offenen Biotopen, sowie an steinigen und felsigen Hängen. Durch Verschleppung entstandene Kolonien besiedeln sehr gerne Sekundärbiotope, wie offengelassene Kies- oder Sandgruben, Straßenränder, Bahndämme, Kulturflächen (besonders Klee- und Luzernefelder) und deren Ränder.

Biologie: Eine durch Verschleppung entstandene Kolonie (s. auch Kapitel „Biologie“ bei *H. obvia* S. 320) kann viele Jahre bestehen, sich ausbreiten und neue Kolonien gründen oder schon nach kurzer Zeit zu Grunde gehen. So fand ich im November 1986 am Fuße des Heubergs bei Sontra/Wichmannshausen in Nordhessen eine anscheinend schon erloschene Kolonie (nur noch leere guterhaltene Gehäuse ausgewachsener Tiere, siehe Abbildung). Die Gehäuse lagen alle im Bereich eines gemähten Kleefeldes (Südhanglage) unterhalb einer nicht mehr bewirtschafteten Wiese. Eine Nachsuche in den beiden folgenden Jahren erbrachte keine lebenden Stücke oder frische leere Gehäuse, obwohl *Helicella itala* immer lebend anzutreffen war. Wahrscheinlich ist diese durch Verschleppung mit Kleesamen entstandene Kolonie nur von kurzer Lebensdauer gewesen.
Obwohl es sich bei *C. neglecta* um eine mediterrane Art handelt, scheint sie doch sehr kälteresistent zu sein. Selbst nach starkem Schneefall Ende November, wurde nach Wegtauen des Schnees Anfang Dezember auf den ersten freiwerdenden Stellen die Schnecken munter umherkriechend beobachtet. Obwohl ein großer Teil der erwachsenen Tiere im Winter zugrunde geht, sind im nächsten Frühjahr noch lebende ausgewachsene Tiere anzutreffen, was auf ein Überwintern, ein-

Cernuella neglecta, Gehäuse von Sontra/Wichmannshausen NH

gegraben im schützenden Boden schließen läßt. Über die Fortpflanzung ist nur soviel bekannt, daß *C. neglecta* im September bei der Eiablage beobachtet wurde. Die schneeweißen, kaum durchscheinenden kugelrunden Eier von 1 mm Durchmesser wurden in einer ca. 1 cm tiefen, selbstgegrabenen Erdhöhlung abgelegt. Ansonsten dürfte die Fortpflanzungsbiologie ähnlich der von *H. itala* und *H. ovbia* sein.

Verbreitung: Die Hauptverbreitung in Mitteleuropa liegt in Südfrankreich im Bereich des Rhone- und Garonnetals. Sonst nur zerstreute Vorkommen, die meist auf Verschleppung durch den Menschen zurückzuführen sind, so in Nordfrankreich, der Schweiz, Belgien, den Niederlanden, Deutschland und der Tschechoslowakei.

Cernuella cespitum (Draparnaud 1801)
(= Helicella cespitum [Draparnaud] **= H. terveri** [Michaud])

Verbreitungstyp: mediterran.

Gehäusegröße: 12 bis 16 x 18 bis 26 mm.

Beschreibung: Das Gehäuse hat große Ähnlichkeit mit den Gehäusen der anderen *Cernuella*-Arten wie *C. neglecta, C. virgata* und *C. aginnica,* ist jedoch durch die Größe, max. Gehäusebreite bis 26 mm, gut zu unterscheiden. Es besitzt 5½ ziemlich gleichmäßig zunehmende Umgänge, mit einer stark erweiterten, an der Peripherie gerundeten Endwindung und ist von kugelförmiger, deutlich gedrückter Gestalt mit verhältnismäßig niedrigem, konischem Gewinde. Der mäßig weit ausgebildete Nabel macht etwa ⅙ des Gehäusedurchmessers aus. Die Mündung ist oval, der Mundsaum scharfkantig und innen mit einer etwas vom Mündungsrand zurückliegenden weißen Lippe versehen. Das auf der Oberfläche ziemlich fein, regelmäßig und dicht gestreifte Gehäuse, hat eine hellcreme Grundfärbung, mit zahlreichen, in der Regel immer unterbrochenen, zerfließenden, unregelmäßigen Flecken. Völlig einfarbige Gehäuse sind die Ausnahme.

Habitat: *C. cespitum* lebt an sonnigen, trockenen Standorten und ist in den verschiedensten Lebensräumen anzutreffen. So kommt sie auf Ödland, an Straßenrändern, trockenen Straßengräben und steinigen, mit Trockenvegetation bewachsenen Orten vor. Außerdem ist sie auch im Kulturgelände, hier an Feldrainen und in Weingärten, zu finden. Wie ihre Verwandten steigt auch sie an der Vegetation empor, um dort im Trockenschlaf der Bodenhitze zu entgehen.

Verbreitung: Im mediterranen Raum allgemein.

Cernuella cespitum, Bedoin am Mont Ventoux SF
Cernuella cespitum, Gehäuse

Cernuella vestita (Rambur 1868)
(= Helicella stolismena [Bourguignat])

Verbreitungstyp: mediterran.

Gehäusegröße: 3,5 bis 5 mm x 5,6 bis 7 mm.

Beschreibung: In der äußeren Erscheinung gleicht das Gehäuse dem von *H. conspurcata* (S. 322) sehr, ist aber durch die Behaarung von diesem zu unterscheiden. Die Haare von *C. vestita* sind wesentlich kürzer und stehen auch viel dichter als bei *H. conspurcata*. Bei ausgewachsenen Exemplaren fehlen oft die Haare, sind aber in Resten um den Nabel erhalten. Eine sichere Unterscheidung ist nur durch anatomische Merkmale möglich.

Habitat: *C. vestita* lebt mehr an feuchteren Standorten und ist auf Ödland, an Straßengräben und auf Kulturgelände zu finden. Dort hält sie sich unter Steinen, Holz, feuchter Rinde und an ähnlichen Örtlichkeiten auf, wobei ihr Verhalten dem von *H. conspurcata* gleicht, der sie sehr ähnlich ist.

Verbreitung: Auf Grund der Verwechslung mit der sehr ähnlichen *H. conspurcata* ist die Verbreitung dieser entlang der Mittelmeerküste sicherlich weiter verbreiteten Art noch nicht bekannt. Gesicherte Nachweise stammen aus Seealpen, Rhonedelta und Ostpyrenäen (Pyrenees Orientales).

Cernuella vestita, Les Baux SF
Cernuella vestita, Gehäuse

2 **Helicella itala** (Linnaeus 1758) Gemeine Heideschnecke

(= **Helicella ericetorum** [O. F. Müller])

Verbreitungstyp: westeuropäisch.

Gehäusegröße: 5 bis 12 x 9 bis 25 mm.

Beschreibung: *H. itala* hat ein gedrücktes, scheibenförmiges, mäßig festwandiges Gehäuse von 5½ bis 6½ gewölbten und regelmäßig zunehmenden Umgängen, die von einer flachen Naht voneinander getrennt werden. Die Gehäuseoberfläche ist ziemlich glatt, fein und unregelmäßig gestreift und auf weißer oder leicht bräunlicher Grundfärbung mit hellen bis dunkelbraunen Bändern versehen. Färbung und Bänderung sind auch bei dieser Art sehr variabel. Der Nabel ist sehr weit und nimmt etwa ⅓ der Gehäusebreite ein. Die Endwindung ist zur schwach elliptisch ausgebildeten Mündung hin abgesenkt, der Mundsaum ist scharf und ungelippt.

Habitat: Trockene, kurzrasige Kalkmagerrasen, südexponierte Straßenränder und Bahndämme, und auch Geröll und Dünen mit Pflanzenbewuchs sind die Lebensräume von *H. itala.*

Biologie: *H. itala* hält keine ausgesprochene Winterruhe und ist auch an milden Wintertagen aktiv. Wenn es auch schon an warmen Januartagen gelegentlich zur Paarung kommen kann, finden die Kopulationen in zwei jahreszeitlich bedingten Fortpflanzungsperioden statt. Besonders an Regentagen schreiten die Tiere im März/April und Ende August/Mitte November zur Kopulation. Die Eiablage erfolgt 6 bis 22 Tage danach, in einem selbst ins Erdreich gegrabenen Hohlraum. Die Anzahl der Eier variiert stark und schwankt zwischen 26 und 68 Stück pro Gelege. Bedingt durch die klebrige Oberfläche haften sie aneinander. Die Eikammer wird nach Beendigung der Eiablage nicht verschlossen. Die leicht elliptischen Eier haben einen Durchmesser von 1,2 bis 1,6 mm und sind durch eingelagerte Kalkkristalle weißlich. Nach ca. 28 bis 36 Tagen schlüpfen innerhalb von 2 bis 4 Tagen die Jungtiere. Nach einigen Tagen verlassen sie die Eikammer. Ihre Nahrung besteht aus Moderstoffen und welken Pflanzenteilen. *H. itala* kann ein Alter von 2½ bis 3 Jahren erreichen.

Verbreitung: Über ganz Frankreich, die Schweiz (vorwiegend im Norden), Österreich (nur im Norden), Deutschland, Luxemburg, Belgien, die Niederlande und die Britischen Inseln. Dort im Norden nur entlang des nördlichen und westlichen Küstenbereichs. Vorkommen außerhalb des geschlossenen Verbreitungsgebietes in der Tschechoslowakei, Polen und Dänemark. In Deutschland allgemein verbreitet, seltener jedoch in der Norddeutschen Tiefebene und im Nordosten.

Helicella itala, Sontra NH
Helicella itala, Gehäuse

④ **Helicella obvia** (Menke 1828)
Weiße Heideschnecke
(= **Helicella candicans** [L. Pfeiffer])

Verbreitungstyp: südosteuropäisch.

Gehäusegröße: 7 bis 10 x 14 bis 20 mm.

Beschreibung: Das Gehäuse von *H. obvia* ist auf der Oberseite sehr flach gedrückt mit kaum über den letzten Umgang erhobenem Gewinde. Auch die 5 bis 6 Umgänge sind flach ausgebildet und durch eine schwache Naht getrennt. Der Nabel ist weit und macht etwa ¼ der Gehäusebreite aus. Die Endwindung ist zur scharfkantigen, leicht elliptischen Mündung hin kaum abgesenkt. In der Mündung befindet sich gelegentlich eine sehr schwache, tieferliegende, weiße Lippe. Die Gehäuseoberfläche ist ziemlich glatt und durch feine, regelmäßige Streifen gekennzeichnet. Die Gehäusegrundfärbung ist weiß, die Bänderung dunkelbraun bis fast schwarz und wie bei *H. itala* und *C. neglecta* sehr variabel.

Habitat: Auch *H. obvia* lebt an trockenen, exponierten Orten. Im Gegensatz zu *H. itala* ist sie nicht unbedingt an Kalk gebunden und verträgt auch längere Trockenheit. Ansonsten gleichen sich die Lebensräume beider Arten, wobei *H. obvia* auch in Weinbergen und bei Verschleppung gelegentlich auf Kulturflächen (Luzerne, Klee) zu finden ist.

Biologie: Zahlreiche Kolonien von *H. obvia* sind durch passive Ausbreitung, besonders durch Verschleppung mit Sämereien aus Saatgutimporten von Osteuropäischen Ländern entstanden. So war es zu der Zeit, als die Saatgutreinigung noch nicht so perfekt war wie heute, nicht ungewöhnlich, daß sich eine ganze Anzahl Jungschnecken im Saatgut befanden.
Für die Eiablage wird ein 15 bis 25 mm langer und 4 bis 5 mm breiter Gang ins Erdreich gegraben, an dessen Ende die Eikammer mit einem Durchmesser von 8 bis 12 mm entsteht. In ihr werden die 35 bis 40 Eier abgelegt und anschließend die Eikammer mit Erde verschlossen. Die Eier haben einen Durchmesser von 1,2 bis 1,5 mm und sind milchweiß. Die Entwicklung gleicht der vorangegangenen Art.

Verbreitung: Der Verbreitungsschwerpunkt liegt in Osteuropa und erstreckt sich über Polen, die Tschechoslowakei, Ungarn, Österreich, die Schweiz und von dort nach Frankreich eindringend. In Deutschland nur östlich der Linie Heidelberg–Braunschweig–Lübeck.

Helicella obvia, Neusiedler See Ö
Helicella obvia, Gehäuse

Helicella conspurcata (Draparnaud, 1801)

Verbreitungstyp: westmediterran.

Gehäusegröße: 3 bis 5 mm x 5 bis 8 mm.

Beschreibung: Das Gehäuse von *H. conspurcata* ist auf der Gehäuseoberseite ziemlich gedrückt und besitzt ein niedriges, konisches Gewinde, das aus 5 bis 6 Umgängen, die von einer mäßig tiefen Naht voneinander getrennt werden, besteht. Die Gehäuseunterseite ist gewölbt, der Nabel eng und kreisförmig sowie die Mündung oval ausgebildet. Der Mundsaum ist scharf und im Mündungsinneren befindet sich keine Lippe. Auf der Gehäuseoberfläche ist eine deutliche, jedoch etwas unregelmäßige Streifung zu erkennen, die bei Jungtieren noch durch feine leicht gebogene Haare gekennzeichnet ist. Ausgewachsenen Tieren fehlt diese Behaarung, jedoch sind die Haarnarben unter großer Vergrößerung zu erkennen. Auf der opakbraunen, gelegentlich auch weißlichen Grundfärbung befinden sich ab und zu dunklere Bänder.

Habitat: *H. conspurcata* lebt an mehr schattigen Örtlichkeiten und hält sich unter Steinen, umgefallenen Baumstämmen oder an Bäumen auf. Bei ausgesprochener Trockenheit verkriecht sie sich oft mit anderen Artgenossen, sowie in Gesellschaft anderer junger Schnecken in die Ritzen und Spalten der Bäume. Aufgrund der Behaarung muß sie wohl früher eine Waldschnecke gewesen sein.

Verbreitung: Im mediterranen Raum allgemein.

Helicella conspurcata, Mouries SF
Helicella conspurcata, Gehäuse

Trochoidea elegans (Gmelin 1791) Kegelige Heideschnecke

(= **Helicella elegans** [Gmelin] = **Helix terrestris** Donovan)

Verbreitungstyp: mediterran.

Gehäusegröße: 5 bis 8 x 7 bis 10 mm.

Beschreibung: Das Gehäuse von *T. elegans* ist von stumpfkegeliger Gestalt mit abgeflachter Gehäusespitze und besitzt 5 bis 6 gleichmäßig anwachsende, scharf gekielte Umgänge, die auf der Oberfläche fein und regelmäßig gestreift sind. Die Umgänge sind scharf gekielt, so daß der Kiel den nächst folgenden Umgang etwas dachziegelartig überlappt. Die Gehäuseunterseite ist flach und hat einen engen kreisrunden Nabel. Der Mundsaum ist gerade und scharf ausgebildet, die Mündung stark gedrückt, erhält durch die vom Kiel gebildete Einengung ein etwas zitronenähnliches Aussehen. Auf dem weißlichen oder cremefarbenen Grund des Gehäuses befindet sich ein braunes Band, was jedoch auch ganz fehlen kann.

Habitat: *T. elegans* lebt an trockenen, exponierten Standorten und ist in Grasbiotopen, Olivenhainen, Straßenrändern, Geröllbiotopen und auf Dünen zu finden. Sie ist eine gemeine Mittelmeerart, die entlang der Küsten, aber auch bis tief im Binnenland zu Hause ist. Oft bildet sie starke Populationen aus, so daß sie zu Tausenden an Gräsern oder anderen Pflanzen im Trockenschlaf sitzt.

Verbreitung: Die Verbreitung erstreckt sich über das ganze europäische Mittelmeer, einschließlich Nordafrika. Außerhalb des mediterranen Bereiches kommt die Art in Südwestfrankreich entlang des Garonnetales vor. Gelegentliche Vorkommen in Nordfrankreich und Belgien beruhen auf Verschleppung. So auch in Südostengland, wo sie an einigen Standorten eingebürgert ist.

Trochoidea elegans, Mouries SF
Trochoidea elegans, Gehäuse

SF
use

Trochoidea trochoides (Poiret 1789)
(= Trochoides conica [Draparnaud] **= T. crenulata** [Germain])

Verbreitungstyp: mediterran.

Gehäusegröße: 5 bis 7 x 5 bis 7 mm.

Beschreibung: Das Gehäuse von *T. trochoides* ähnelt in der Form der vorangegangenen Art. Es ist von stumpfkegeliger Gestalt und besitzt 5 bis 6 schwach gewölbte, langsam anwachsende Umgänge, deren Oberfläche mit dem bloßen Auge glatt erscheint, jedoch durch feine regelmäßige Zuwachsstreifen gekennzeichnet ist. Der Nabel ist sehr eng ausgebildet, die Gehäuseunterseite schwach gebogen. An der Peripherie des letzten Umganges ein deutlich erhabener Kiel, der am Außenrand der ovalen Mündung eine runde Ausbuchtung bildet. Der Mundsaum ist nicht erweitert und im Mündungsinneren befindet sich vom Mündungsrand zurückversetzt eine mehr oder weniger kräftige Lippe. Auch bei dieser Heideschnecke variiert die Färbung und Bänderung des Gehäuses sehr. Neben Gehäusen mit einem oder mehreren, schmalen oder breiten Bändern, existieren solche, deren Bänder in einzelne Flecke aufgelöst sind oder ganz fehlen. Ungefleckte Gehäuse sind weißlich bis hellcremefarben.

Habitat: Die Tiere leben an trockenen, exponierten Standorten und sind auf Ödland, Sanddünen, Geröll, aber auch an Straßenrändern anzutreffen. Bei Trockenheit sitzen die Schnecken im Trockenschlaf oft sehr zahlreich an Gräsern und anderen Pflanzen und sind so leicht zu finden.

Verbreitung: *T. trochoides* ist eine mediterrane Art, die im Mittelmeerraum entlang der Küsten sehr häufig vorkommt.

Trochoidea trochoides, Mouries
Trochoidea trochoides, Gehä

2 **Trochoidea geyeri** (Soos 1926) **Zwerg-Heideschnecke**

(= **Helicella geyeri** [Soos])

Verbreitungstyp: mitteleuropäisch.

Gehäusegröße: 3,5 bis 5 x 5 bis 8 mm.

Beschreibung: Das leicht gedrückte, kugelförmige Gehäuse mit konischem Gewinde besitzt 4½ bis 4¾ gewölbte, durch eine tiefe Naht getrennte Umgänge, die an der Peripherie gerundet sind. Das festschalige Gehäuse hat eine weißliche Grundfärbung, auf der sich eine etwas undeutliche blaßbraune Bänderung, die auch in Flecke aufgelöst sein kann, befindet. Die Gehäuseoberfläche ist sehr grob und unregelmäßig gerippt, der Nabel zylindrisch und mäßig weit. Der Mundsaum der runden Mündung ist scharfkantig ausgebildet und innen nur selten mit einer schwachen Lippe besetzt.
T. geyeri ist der folgenden Art *Helicopsis striate* im Aussehen sehr ähnlich, unterscheidet sich jeoch:

a) Durch den Nabel, der bei *H. striata* konisch und weiter ist.
b) Den Protoconch, bei *H. striata* 1,5 mm im Durchmesser und bei *T. geyeri* 1,0 mm.
c) Gehäuserippung bei H. striata etwas regelmäßiger.
d) Anatomisch weist *H. striata* 4 Pfeilsäcke auf, während *T. geyeri* nur 2 rudimentäre besitzt.

Habitat: Der Lebensraum von *T. geyeri* sind offene und trockene Kalkmagerrasen. Bevorzugt halten sich die Tiere an Stellen mit geringem Pflanzendeckungsgrad und an niedrigen, offenen Abbruchkanten entlang von Wegen, die sich durch solche Gebiete ziehen, auf.

Verbreitung: Da *T. geyeri* erst 1926 beschrieben wurde und man sie vor dieser Zeit als *H. striata* ansah, ist ihre genaue Verbreitung noch nicht bekannt. Trotzdem ist sie als selten einzustufen. Vorkommen sind aus Nordostfrankreich, der Westschweiz, Österreich (hier im Nordosten und Niederösterreich), Südbelgien und Deutschland bekannt. In Deutschland einzelne Fundorte in Württemberg, Franken und von Thüringen nördlich bis nach Hannover.

Trochoidea geyeri, Wolfhagen NH
Trochoidea geyeri, Gehäuse

4 Helicopsis striata (O. F. Müller 1774) Gestreifte Heideschnecke

(= **Helicella striata** [O. F. Müller] = **H. hungarica** [Soos et Wagner])

Verbreitungstyp: mitteleuropäisch.

Gehäusegröße: 3,5 bis 5 x 5 bis 8 mm.

Beschreibung: Das Gehäuse von *H. striata* ist von kugelförmiger Gestalt, leicht gedrückt und besitzt 4½ bis 5 gewölbte, gleichmäßig anwachsende Umgänge. Die Gehäuseoberfläche des verhältnismäßig starkwandigen Gehäuses ist mit groben, jedoch etwas unregelmäßigen Rippen versehen. Auf weißer Grundfärbung befinden sich 1 bis 8 dunkelbraune Bänder, die in Fleckenreihen aufgelöst, miteinander verbunden sind oder völlig fehlen können. Der Nabel ist mäßig weit und konisch, die Mündung rundlich und der Mundsaum scharf ausgebildet und öfter mit einer kräftigen, flachen und breiten Lippe besetzt.
Zur exakten Artbestimmung s. die Unterscheidungsmerkmale im Kapitel: „Beschreibung“ bei *Trochoidea geyeri* S.

Habitat: *H. striata* lebt an trockenen, offenen, rasigen oder felsigen Orten.

Verbreitung: Wie schon bei der vorangegangenen Art geschildert, ist durch die Verwechslung mit *T. geyeri* eine genaue Verbreitungsangabe, auch dieser seltenen Art, nicht möglich. Vorkommen sind bekannt aus Österreich (Niederösterreich und dem Burgenland), dem größten Teil von Ungarn, wo sie im nordöstlichen, westlichen und südlichen Bereich fehlt. Von Ungarn aus strahlt sie in den Süden der Tschechoslowakei ein, wo sich weiterhin isolierte Vorkommen in Böhmen und Mähren befinden. Ebenfalls 2 völlig isolierte Standorte in Polen und auf Öland. In Deutschland erstreckt sich die Verbreitung vom östlichen Frankreich (hier strahlt sie von Deutschland her ein) beginnend in einem diagonalen, schmalen Verbreitungsgebiet, in nordöstlicher Richtung bis zum Harz. In diesem Gebiet jedoch sehr zerstreut vorkommend und streckenweise fehlend.

Helicopsis striata, Gehäuse

Unterfamilie Cochlicellinae

Die Arten der Gattung *Cochlicella* wurden auf Grund von anatomischen Merkmalen in eine eigene Unterfamilie „Cochlicellinae" zusammengefaßt und von der Unterfamilie Helicellinae, in der sie lange Zeit geführt wurde, abgetrennt.

Cochlicella acuta (O. F. Müller 1774)

Verbreitungstyp: mediterran und atlantisch.

Gehäusegröße: 10 bis 20 mm (gelegentlich bis 30) x 4 bis 7 mm.

Beschreibung: Das schlanke, kegelförmige Gehäuse besitzt 8 bis 10 ziemlich schwach gewölbte Umgänge, die von einer flachen Naht getrennt werden. Die Gehäuseoberfläche ist schwach und unregelmäßig gestreift und von weißlicher bis weißlichbrauner Grundfärbung, auf der sich eine mehr oder weniger starke dunklere Fleckung befindet, die auch völlig fehlen kann. Oft kommen auch Gehäuse mit einem auf dem letzten Umgang verlaufenden, aus der Mündung herauskommenden, dunkelbraunen Spiralband vor. Der Nabel ist sehr eng und wird von der Spindelkante des umgeschlagenen Mundsaumes bedeckt. Die Mündung ist elliptisch ausgebildet, der Mundsaum scharf ohne jegliche Verstärkung.

Habitat: Der Lebensraum von *C. acuta* sind Dünen und Grasländereien entlang der Küste. Gelegentlich kommt sie auch an kalkhaltigen Orten im Binnenland vor. Hier fand ich sie insbesondere an Straßenrändern (Verschleppung?), oft in dichten Populationen im Trockenschlaf an der Vegetation sitzend.

Verbreitung: Die Verbreitung von *C. acuta* in Mitteleuropa bezieht sich vorwiegend auf den Bereich entlang der Atlantischen Küsten von Frankreich, Belgien, England und Irland. In Südirland und an einigen Stellen in Frankreich kommt sie stellenweise auch weiter im Binnenland vor.

Cochlicella acuta, Notre-Dame-de-Monts WF
Cochlicella acuta, Mouries SF
Cochlicella acuta, Gehäuse

Unterfamilie Monachinae

Von den 2 in Deutschland vorkommenden Arten, beruht 1 auf Einschleppung, während die hier beschriebene ursprünglichen Charakters ist.

Monacha cartusiana (O. F. Müller 1774) **Karthäuserschnecke**

(= **Theba cartusiana** [O. F. Müller])

Verbreitungstyp: mediterran und südosteuropäisch.

Gehäusegröße: 6 bis 10 mm x 9 bis 17 mm.

Beschreibung: Das gedrückt kugelförmige, durchscheinende Gehäuse besitzt 5½ bis 6½ mäßig gewölbte Umgänge, die sich zu einem stumpfen, niedrigen kegelförmigen Gewinde erheben. Die Umgänge nehmen ziemlich gleichmäßig zu, der letzte jedoch ist stärker erweitert und an der Mündung etwa doppelt so breit wie der vorangegangene. Der Nabel ist eng ausgebildet. Die Gehäuseoberfläche ist fein und unregelmäßig, manchmal undeutlich gestreift, wobei die Streifen durch unregelmäßige flache Vertiefungen unterbrochen werden, so daß ein leicht runzeliger Eindruck (Lupe) entsteht. Das Gehäuse ist in der Regel cremigweiß, zur Mündung hin schwach bräunlich werdend. Parallel zum Mündungsrand verläuft meist eine gelbliche und als Abschluß eine rötlichbraune Binde. Der Mundsaum ist scharf ausgebildet, wenig erweitert und innen mit einer flachen, blaßrötlichen Lippe belegt.

Habitat: *M. cartusiana* lebt auf warmen trockenen Wiesen in der offenen Landschaft und kommt in der Regel bis zu einer Höhe von 500 m ü. NN vor. Darüber hinaus ist sie seltener, steigt jedoch in Österreich bis in eine Höhenlage von 1350 m ü. NN. Bei Trockenheit sitzen sie an Pflanzenstengeln angeheftet.

Verbreitung: Das Vorkommen erstreckt sich über ganz Frankreich (von hier aus auch in die Schweiz einstrahlend), Belgien, die Niederlande (im Norden fehlend) sowie entlang des Rheintales in Westdeutschland. In England nur im Südosten im Küstenbereich. Im Osten über Österreich, wo sie in getrennten Arealen in Nordtirol, Oberösterreich, Südkärnten, und im mittleren Murtal sowie im Südosten in der Steiermark lebt. Dichtere Vorkommen befinden sich östlich im Bereich des Wiener Waldes und des Neusiedler Sees, die an die Populationen von Ungarn und der südlichen Tschechoslowakei anschließen.

Monachia cartusiana, Pressegger See K.Ö
Monachia cartusiana, Gehäuse

Familie Helicidae
Schnirkelschnecken

Unterfamilie Hygromiinae
Laubschnecken

Die hierzu gehörenden Arten bewohnen feuchte und kühle Örtlichkeiten in Wäldern und Hecken, aber auch im offenen Gelände, besonders wenn auf feuchtem Boden eine entsprechend schattenspendende Vegetation vorhanden ist. Einige Arten steigen gern an den Pflanzen empor und sitzen dann bei Trockenheit an den Blättern angeheftet. Die Gehäuse sind von kleiner bis mittlerer Größe, bräunlich gefärbt und besonders bei der Gattung *Trichia* in der Regel behaart.

4 **Perforatella bidentata** (Gemelin 1788)
Zweizähnige Laubschnecke
(= Perforatella bidens [Chemnitz])

Verbreitungstyp: osteuropäisch.

Gehäusegröße: 5 bis 7 mm x 6,5 bis 8,5 mm.

Beschreibung: Das Gehäuse ist von kugelförmiger Gestalt mit kegelförmigem Gewinde und besitzt 7 bis 8 leicht gewölbte, langsam anwachsende und dicht aufgewundene Umgänge die von einer seichten Naht getrennt werden. Der letzte Umgang ist oberhalb der Peripherie durch eine rundliche Ausbuchtung gekennzeichnet. Die Gehäuseoberfläche ist ziemlich regelmäßig, deutlich gestreift und hellhornbraun mit einem entlang der Peripherie verlaufenden weißen Band. Der Nabel ist sehr eng und wird fast vollständig vom Mundsaum bedeckt. Die Mündung ist kantig ausgebildet und innen mit einer glänzend weißen, nach außen gekehrten Lippe versehen, aus der sich ein Palatal- und Basalzahn erheben.

Habitat: *P. bidentata* zählt zu den ausgesprochen feuchtigkeitsliebenden Arten. Als bodenbewohnende Art lebt sie bevorzugt in feuchten Erlenwäldern und den bachbegleitenden Gehölzstreifen. Aber auch an feuchten Standorten in den Wäldern ist sie anzutreffen. An solchen Plätzen ist die kälteunempfindliche Art, selbst bei sehr niedrigen Temperaturen unter einer nur dünnen Laubschicht zu finden.

Biologie: Die Geschlechtsreife tritt mit 11 bis 12 Monaten ein. Das Gelege besteht aus 8 bis 16 eiförmigen Eiern die eine Größe von 1,4 bis 1,7 x 1,8 bis 2,0 mm haben. Die Entwicklungszeit ist je nach Temperatur

unterschiedlich und beträgt im Sommer 14 bis 18 Tage und im Winter 18 bis 26 Tage. Bis alle Jungtiere eines Geleges geschlüpft sind, vergehen ca. 3 bis 7 Tage.
Die Entwicklung der Gehäusegröße ist von den klimatischen Bedingungen des Standortes abhängig. So führt Mangel an Feuchtigkeit zu kleinen Kümmerexemplaren und feuchte, besonders warme Standorte zu großen stattlichen.

Verbreitung: *P. bidentata* hat ein sehr zerrissenes Verbreitungsgebiet. Es erstreckt sich zusammenhängend über die Tschechoslowakei, Polen und den südlichen Teil von Ostdeutschland. In Westdeutschland liegt die Westgrenze der Verbreitung entlang der Linie Hamburg–Hannover–Höxter (Westfalen)–Würzburg–Augsburg. In diesem Bereich teilweise selten vorkommend und durch Vernichtung der Biotope zurückgehend. Weitere Vorkommen in Ostfrankreich (Alpen, Vogesen), in Österreich, Ungarn, im östlichen Dänemark sowie verstreut in Südfinnland, im südlichsten Schweden und auf Öland und Gotland.

Perforatella bidentata, Gehäuse

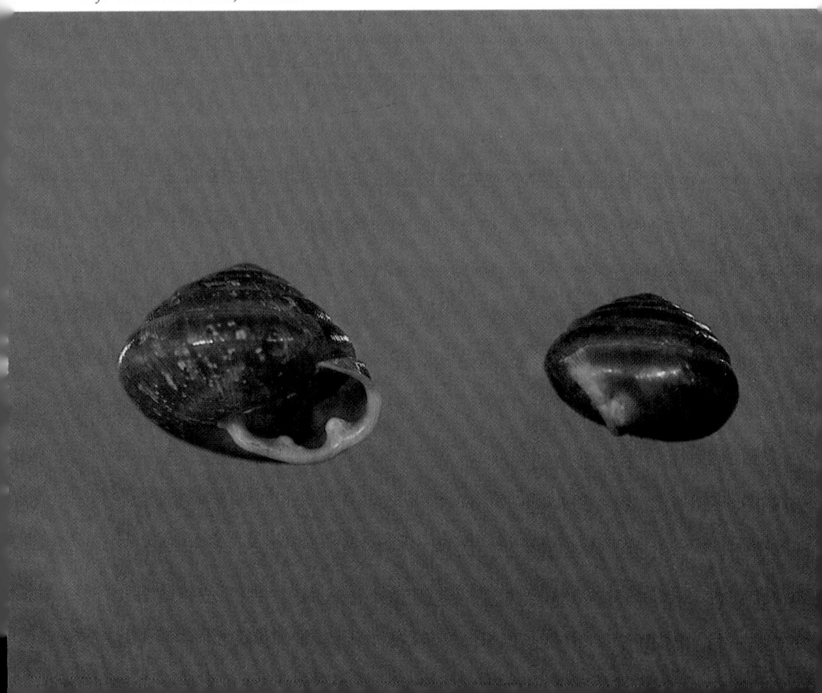

Perforatella incarnata (O. F. Müller 1774)
Rötliche Laubschnecke
(= **Monacha incarnata** [O. F. Müller])

Verbreitungstyp: mittel und südosteuropäisch.

Gehäusegröße: 6 bis 11 mm x 10 bis 16 mm.

Beschreibung: Das kugelförmige leicht gedrückte Gehäuse mit wenig erhobenem, breit kegeligem Gewinde besitzt 6 bis 6½ gewölbte Umgänge, die durch eine verhältnismäßig flache Naht getrennt werden. Der enge, offene Nabel wird teilweise vom umgeschlagenen Mundsaum bedeckt. Die Breite des Nabels beträgt max. 1/10 der Gehäusebreite. Die Gehäuseoberfläche ist von einer charakteristischen schüppchenartigen Feinstruktur (Microskop) bedeckt, die dem Gehäuse einen stumpfen Glanz verleiht. Die Gehäusefärbung reicht von hellgraugelb bis rötlichbraun wobei entlang der Peripherie oft ein helles Band verläuft. Auch parallel zum Mundsaum verläuft ein dunkleres und darüber ein helleres, rötlich gefärbtes Band. Die Mündung ist elliptisch ausgebildet und mit einer nach außen gekehrten weißen oder rötlich überhauchten Lippe besetzt. Eine in Form und Größe mitunter variable Art.

Habitat: *P. incarnata* lebt unter Fallaub, Steinen und Todholz in Laubwäldern, sowie auch an anderen feuchten Orten. Als Ubiquist besiedelt sie selbst molluskenarme Orte.

Biologie: Vorwiegend im Spätsommer werden die Eier in losen Haufen zu 15 bis 70 Stück in einer selbstgegrabenen kleinen Erdhöhle abgelegt. Sie haben einen Durchmesser von 1,5 bis 2,0 mm und schlüpfen nach einer Entwicklungszeit von ca. 3 Wochen aus. Die Jungtiere ernähren sich zunächst von sich zersetzenden pflanzlichen Stoffen, nehmen aber, nachdem sie das Jugendstadium überschritten haben, auch frische Kräuter als Nahrung auf. Das Gehäusewachstum ist nach 1½ Jahren beendet.

Verbreitung: In Mitteleuropa ist sie weit verbreitet. Die Verbreitungsgrenze im Westen zieht sich von Mittelfrankreich durch Belgien, die Niederlande und Dänemark bis nach Südschweden. Nach Osten über Polen, die Tschechoslowakei (außer die Ostslowakei), bis Ungarn, wo sie im Südosten fehlt.

Perforatella incarnata, Kassel NH
Perforatella incarnata, Gehäuse

Unterfamilie Hygromiinae
Gattung Trichia – Haarschnecken

Die hier beschriebenen Vertreter dieser Gattung sind von kleiner bis mittlerer Größe und zeichnen sich durch eine mehr oder weniger starke Behaarung der Gehäuseoberfläche aus. Bis auf eine Art (*T. plebeia*) sind die Gehäuse erwachsener Tiere durch mechanisches Abschaben der Haare meist haarlos, jedoch verbleiben in der Regel auf der Gehäuseoberfläche Haarnarben. 2 Arten (*T. hispida* u. *T. plebeia*) sind sehr variabel, was eine sichere Bestimmung erschweren kann. Die Tiere leben an schattigen, feuchten und kühlen Örtlichkeiten und gelten als Waldbewohner, die in Hecken und gelegentlich auch offenem Gelände zu finden sind.

Trichia hispida (Linnaeus 1758)
Gemeine Haarschnecke
(= Fruticicola hispida [Linnaeus] **= Hygromia hispida** [Linnaeus] **= Trichia concinna** [Jeffreys])

Verbreitungstyp: europäisch.

Gehäusegröße: 5 bis 6 mm x 5 bis 12 mm.

Beschreibung: Das auf der Unterseite abgeflachte insgesamt graubraune bis rötlichbraune Gehäuse, ist von leicht gedrückter, rundlicher Gestalt und besitzt 6 bis 7 ziemlich dünnwandige, schwach glänzende und leicht durchscheinende, mäßig gewölbte Umgänge. Die Gehäuseoberfläche ist unregelmäßig gestreift und mit ca. 0,3 mm langen, leicht gebogenen Haaren besetzt, die bei älteren Exemplaren oft abgestoßen sind, jedoch in der Regel Haarnarben (kleine runde Vertiefungen in der Gehäuseoberfläche) hinterlassen. Außerdem bleiben auch im Nabel einige Haare erhalten. Dieser ist in der Größe sehr variabel und bedeckt ca. ⅛ bis ¼ der Gehäusebreite. Die Mündung ist leicht elliptisch, unten abgeflacht und der Mundsaum nach außen leicht umgebogen. Im Inneren ebenfalls im unteren Bereich eine vom Mündungsrand etwas zurückliegende, erhabene und ziemlich gerade, weiße Lippe. Insgesamt eine in Bezug auf Gehäuseform, Größe, Behaarung und Nabel sehr variable Art.

Habitat: *T. hipida* bewohnt die vielfältigsten Lebensräume, meidet jedoch ausgesprochen trockene Biotope. In dem ihr zusagenden Lebens-

Ansammlung von *Trichia hispida* an den Nahrungspflanzen (welken Pflanzenteilen)

raum hält sie sich gerne unter Holz, altem Laub und bei reichlicher Deckung (bevorzugt Brennesselbestände) auch am Boden auf. Jungtiere steigen häufig bei feuchter Witterung an Brennesseln empor und sind dann, sowie auch später wenn sie im Trockenschlaf an den Blättern angeheftet sitzen, leicht zu finden.

Biologie: Die Geschlechtsreife tritt bei *T. hispida* im Gegensatz zu vielen anderen Schneckenarten anscheinend schon vor Vollendung des Gehäuses ein. Die Eiablage erfolgt im Zeitraum Mai bis September. Die milchweiß glänzenden, kugelrunden Eier, mit einem Durchmesser von 1,3 bis 1,5 mm, werden in losen Haufen abgelegt. Insgesamt werden zwischen 4 und max. 28 Eier an der Unterseite von faulenden Blättern oder in die lockere obere Bodenschicht deponiert. Nach einer Entwicklungszeit von ca. 17 bis 26 Tagen verlassen die Jungen die Eihülle. Das Embryonalgehäuse besitzt 1½ Umgänge, ist gelblich, transparent und bereits behaart. Die Nahrung besteht bei *T. hispida* zu über 50 % aus verwelkten und verrotteten Pflanzenteilen mit deutlicher Bevorzugung der Brennessel, wobei auch lebende Pflanzen und Früchte gefressen werden. Nach dem Verzehr von welken Blättern bleiben in der Regel nur noch die Blattrippen stehen. *T. hispida* erreicht ein Alter von 2 Jahren.

Verbreitung: *T. hispida* ist von den Haarschnecken, die mit der größten Verbreitung. Sie kommt in ganz Mitteleuropa stellenweise gemein vor. In Nordeuropa geht die Verbreitung in Norwegen entlang der Küste in Richtung Nordosten bis zu 69 °N in Finnland bis zu 67 °N und in Schweden kommt sie im ganzen Süden vor. Für Skandinavien stellt sie den einzigen Vertreter der Gattung *Trichia* dar.

Trichia hispida, Kassel NH
Trichia hispida, Gehäuse

Trichia plebeia (Draparnaud 1805)
Seidenhaarschnecke

(= **Fruticicola sericea** [Draparnaud, non O. F. Müller]
= **Trichia liberta** englischer Autoren, non Westerlund)

Verbreitungstyp: mitteleuropäisch.

Gehäusegröße: 5 bis 7 mm x 7 bis 10 mm.

Beschreibung: Das Gehäuse von *T. plebeia* ist wesentlich kugeliger als das der vorangegangenen Art und besitzt 5 bis 6 Umgänge. Die Gehäuseoberfläche ist unregelmäßig gestreift und mit ca. 0,5 mm langen, weichen, gekrümmten Haaren bedeckt. Die Behaarung bleibt oft auch bei den ausgewachsenen Tieren erhalten, wobei auch bei dieser Art bei Verlust derselben, Haarnarben entstehen. Der Nabel ist sehr eng und oft vom Spindelrand ein wenig bedeckt. Die Mündung ist rundlich, der Mundsaum nur im Spindelbereich ein wenig erweitert und leicht umgeschlagen. Im Mündungsinneren, wenn vorhanden, nur eine schwache Lippe. Auch *T. plebeia* ist wie die vorangegangene Art sehr variabel.

Habitat: *T. plebeia* lebt in den verschiedensten Biotopen, wobei sie in Bezug auf die Feuchtigkeit etwas höhere Ansprüche als die vorangegangene Art an ihren Lebensraum stellt. Wir finden sie vorwiegend in den Wäldern und Gebüschen der Gebirge, aber auch an sonnigen, trockneren Plätzen.

Biologie: Zur Eiablage, der runden im Durchmesser 1 mm messenden Eier, kommt es in den Monaten August bis September. Der Schlupf der Jungtiere erfolgt je nach Temperatur und Feuchtigkeit nach ca.20 bis 25 Tagen. Als Nahrung werden vorwiegend welke und modernde Blätter aufgenommen. Ausgewachsene Tiere halten sich gerne am Boden oder in dessen Nähe auf und sitzen unter den Blättern von Pflanzen mit Blattrosetten, sowie an Kräutern und Stauden. Jungtiere steigen gern an den Pflanzen empor und sitzen dann bei Trockenheit an den Nahrungsblättern angeheftet.

Verbreitung: Ein zusammenhängendes Verbreitungsgebiet erstreckt sich über Frankreich (außer dem Nordwesten), die Schweiz, Österreich (nur im Westen), und Deutschland. Hier in ganz Süddeutschland und nördlich bis zur Linie Teutoburger Wald–Thüringen und östlich bis zum Elbtal. In der Tschechoslowakei vom Hauptverbreitungsgebiet abgeschnitten in Böhmen und Mähren. Ebenfalls etwas abseits der zusammenhängenden Verbreitung in Mittelengland zu finden.

Trichia plebeia, Ruine Weidelsburg bei Naumburg NH
Trichia plebeia, Gehäuse

Trichia striolata (C. Pfeiffer 1828)
Gestreifte Haarschnecke

(= **Fruticicola striolata** [C. Pfeiffer] = **Hygromia striolata** [C. Pfeiffer] = **H. rufescens** englischer Autoren [non Pennant])

Verbreitungstyp: nordwesteuropäisch.

Gehäusegröße: 6,5 bis 9 mm x 11 bis 14 mm.

Beschreibung: Das gelblichgrau bis rötlichhornfarbene, festwandige Gehäuse ist von gedrückt flachkonischer Gestalt und besitzt 6 wenig durchscheinende Umgänge. Die Endwindung ist an der Peripherie geschultert und oft durch ein schwaches opakes Band gekennzeichnet. Die nur in der Jugend hinfällig behaarte Gehäuseoberfläche ist ziemlich grob und unregelmäßig gestreift. Der Nabel ist weit und offen und nimmt etwa ⅛ bis ⅕ der Gehäusebreite ein. Die elliptische Mündung ist unten leicht abgeflacht, gelippt und im unteren Lippenteil leicht umgeschlagen.

Habitat: Besiedelt vorwiegend natürliche, feuchte Lebensräume (Wälder, Hecken, Ödland).

Verbreitung: Über die Britischen Inseln, Nordostfrankreich, Süddeutschland und das nördliche Österreich.

Trichia villosa (Studer 1789)
Zottige Haarschnecke

(= **Fruticicola villosa** [Studer])

Verbreitungstyp: nordwestalpin.

Gehäusegröße: 6 bis 8 mm x 10 bis 14 mm.

Beschreibung: Das gelblichbraune Gehäuse ist ähnlich dem der vorangegangenen Art, jedoch mit flachem, nur wenig erhobenem Gewinde. Die gewölbten Umgänge werden durch eine tiefe Naht voneinander getrennt. Der Nabel ist weit und tief ausgebildet und nimmt etwa ⅕ der Gehäusebreite ein. Die oben und unten abgeflachte Mündung ist durch eine zurückliegende, schwach entwickelten Lippe gekennzeichnet. Die Gehäuseoberfläche ist unregelmäßig gestreift und meist mit 1 mm langen Haaren besetzt.

Habitat: *T. villosa* lebt an feuchten und schattigen Orten der Gebirge.

Verbreitung: In den Gebirgen von Ostfrankreich, der nördlichen Schweiz, Westösterreich und Süddeutschland.

Trichea striolata, Gehäuse
Trichea villosa, Gehäuse

Trichia unidentata (Draparnaud 1805)
Einzähnige Haarschnecke
(= Fruticicola unidentata [Draparnaud])

Verbreitungstyp: ostalpin und karpatisch.

Gehäusegröße: 5 bis 6 mm x 6 bis 8 mm.

Beschreibung: Das gelblich- bis rötlichbraune Gehäuse ist von stumpfkegeliger, kuppelförmig gerundeter Gestalt mit 6 bis 7 dünnwandigen, gewölbten und eng gewundenen Umgängen. Die Gehäuseoberfläche ist durch eine feine unregelmäßige Streifung, bedeckt mit zahlreichen langen gebogenen Haaren, gekennzeichnet. Die Haare sind ca. 0,5 mm lang und fehlen oft bei älteren Exemplaren, hinterlassen jedoch kleine Haarnarben. Der Nabel ist eng und nimmt ca. 1/10 bis 1/8 des Gehäusedurchmesser ein. Die Mündung ist von elliptischer Gestalt, unten abgeflacht mit erweitertem Rand und umlaufender weißer oder rosiger Lippe, besetzt mit einem mehr oder weniger starken einzelnen Zahn. Dieser sitzt etwa auf der Mitte des unteren Mündungsrandes.

Habitat: *T. unidentata* lebt unter totem Laub, Holz und Steinschutt der Bergwälder. Sie kommt in aufgelockerten Fichtenwäldern mit Hochstaudenfluren und in reinen Lärchenwäldern bis in die Region der Latschen und Alpenrosenformationen vor. Außerdem besiedelt sie auch heiße, südexponierte Grashänge. Bis zu einer Höhe von 1000 m ü. NN sind die Gehäuse noch von normaler Größe, werden darüber hinaus jedoch zusehends kleiner. *T. unidentata* ist in Bezug auf klimatische Bedingungen (Kälte u. Wärme) eine ausgesprochen unempfindliche Art.

Verbreitung: In Mitteleuropa erstreckt sich die Verbreitung dieser Gebirgsart von der nordöstlichen Schweiz über ganz Österreich und die Tschechoslowakei, von wo aus das Verbreitungsgebiet nach Südpolen und Nordungarn hineinragt. In Deutschland erstreckt sich die Verbreitung entlang der Alpen und des Voralpenraumes. Außerhalb dieses Bereiches nur einige wenige Fundorte nördlich bis zur Mainlinie.

Trichia unidentata, Dobratsch K.Ö
Trichia unidentata, Gehäuse

Literaturverzeichnis

Abkürzungen:
Arch. Moll.: Archiv für Molluskenkunde der Senckenbergischen Naturforschenden Gesellschaft Frankfurt/M.
Nachr. Bl. dtsch. malak. Ges.: Nachrichtenblatt der deutschen malakozoologischen Gesellschaft Frankfurt/M.
Malak. Abh. Mus. Tierk. Dresden: Malakologische Abhandlungen Staatliches Museum für Tierkunde in Dresden.

ANT, H. (1957): Die Verbreitung von Pomatias elegans in Westfalen. Arch. Moll., 86

ANT, H. (1959): Beobachtungen zur Ökologie und Biologie einiger Landschnecken im NSG „Uphoffe Busch" bei Oschtrup. Natur und Heimat, 19

ANT, H. (1963): Faunistische, ökologische und tiergeographische Untersuchungen zur Verbreitung der Landschnecken in Nordwestdeutschland. Abhandlungen des Landesmuseum für Naturkunde zu Münster 25 (1), 125 Seiten

ANT, H. (1965): Der boreoalpine Verbreitungstyp bei europäischen Landgastropoden. Verh. dt. zool. Gesellschaft, 28, Stuttgart

BLAB, H., NOWAK, E., TRAUTMANN, W., SUKOPP, H. (Hrsg.) (1984): Rote Liste der gefährdeten Tiere und Pflanzen in der Bundesrepublik Deutschland. – Naturschutz aktuell Nr. 1, 4. Aufl. 270 Seiten

BOETTGER, C. R. (1926): Die Verbreitung der Landschneckengattung Cepaea Held in Deutschland. Arch. Moll. 58, Seite 11-24

BOETTGER, O. (1892): Liste der bis jetzt bekannten Deviationen und albinen u. flavinen Mutationen des Gehäuses der Gattung Clausilia Drap. Nachr. Bl. dtsch. malak. Ges., 14, Seite 36–43

BUCHNER, O. (1917): Die Größenextreme bei unserem einheimischen Land- und Süßwassermollusken. Nachr. Bl. dtsch. malak. Ges., 14, Seite 167–185

CLESSIN, S. (1873): Über Mißbildungen der Mollusken und ihrer Gehäuse. Berichte des naturhistorischen Vereins, Augsburg, 22, Seite 23–107

DOLL, W. (1982): Beobachtungen über Lebensweise und Fortpflanzung von Carychium tridentatum RISSO im Oberrheingebiet (Pulmonata: Ellobiidae). Arch. Moll. 112, Seite 1–8

EDLINGER, K. und MILDNER, P. (1979): Monographie der in Kärnten lebenden Prosobranchiergattung Cochlostoma. Carinthia II, 169/89 Jahrgang, Seite 281–303, Klagenfurt

EHRMANN, P. (1931): Zur Kenntnis von Chondrina avenacea (Brug) und ihrer nächsten Verwandten. Arch. Moll., 63, Seite 1–20

EHRMANN, P. (1933): Weichtiere Molluska. Die Tierwelt Mitteleuropas II, 1–264. Leipzig: Quelle & Meyer (Nachdruck 1956)

FALKNER, G. (1982): Zur Problematik der Gattung Trichia (Pulmonata, Helicidae) in Mitteleuropa. Mitt. dtsch. Malak. Ges., Suppl. 3, Seite 30–33

FORCART, L. (1959): Taxionomische Revision paläarktischer Zonitinae, II. Anatomisch untersuchte Arten des Genus Aegopinella LINDHOLM. Arch. Moll. 88, Seite 7–34

FORCART, L. (1966): Alpine und nordische Arten der Gattung Lehmannia Heynemann (Limacidae). Arch. Mol. 95, Seite 225–236

FRÖMMING, E. (1954): Biologie der mitteleuropäischen Landgastropoden. Duncker & Humblot, Berlin

GEBHARDT-DUNKEL, E. (1953): Die Trockenresistenz bei Gehäuseschnecken. Zoologische Jahrbücher (Allgemeine Zoologie) 64, Seite 235–266

GEYER, D. (1927): Unsere Land- und Süßwassermollusken. Stuttgart, 3. Aufl. I–XII, 224 Seiten

HÄSSLEIN, L. (1948): Molluskengesellschaften alpiner Rasen im Allgäu. Berichte der Naturforschenden Gesellschaft Augsburg, Seite 100–111

HÄSSLEIN, L. (1966): Die Molluskengesellschaften des Bayerischen Waldes und des anliegenden Donautales. Berichte der Naturforschenden Gesellschaft Augsburg 20, Seite 1–176

HECKER, U. (1965): Zur Kenntnis der mitteleuropäischen Bernsteinschnecken (Succineidae) I. Arch. Moll. 94, Seite 1–45

HECKER, U. (1970): Zur Kenntnis der mitteleuropäischen Bernsteinschnecken (Succineidae) II. Arch. Moll. 100, Seite 207–234

HOHORST (1937): Die Fühler-Made (Leucochloridium sp.) der Bernsteinschnecke, ein für die Umgebung von Frankfurt a. M. neuer Saugwurm. Natur und Volk 67, Seite 122–132

JAECKEL, S. G. A. (1962): Ergänzungen und Berichtigungen zum rezenten und quartären Vorkommen der mitteleuropäischen Mollusken. Die Tierwelt Mitteleuropa II (1), Ergänzungen p. Seite 25–294. Leipzig: Quelle & Meyer

JAECKEL, S. H. (1976): Molluska – Weichtiere. E. STRESEMANN (Hrsg.) Exkursionsfauna. Wirbellose I, S. 102–229. Berlin: Volk und Wissen, Volkseigener Verlag

JUNGBLUTH, J. H. (1970): Zur Kenntnis der Gastropoden des Naturparkes „Hoher Vogelsberg", I. Die Nacktschnecken. Bericht der Oberhessischen Gesellschaft für Natur- und Heilkunde, Gießen N.F. 37, Seite 69–79

JUNGBLUTH, J. H. (1971): Zur Kenntnis der Gastropoden des Naturparkes „Hoher Vogelsberg", II. Die Gehäuseschnecken. Bericht der Oberhessischen Gesellschaft für Natur- und Heilkunde, Gießen N.F. 38, Seite 29–50

JUNGBLUTH, J. H. (1975): Die Molluskenfauna des Vogelsberges unter besonderer Berücksichtigung biogeographischer Aspekte. Biogeographica 5, Seite 1–138

JUNGBLUTH, J. H. (1985): Deutsche Namen für einheimische Schnecken und Muscheln (Gastropoda et Bivalvia). Malak. Abh. Mus. Tierk. Dresden, Bd. 10, Nr. 10

KERNEY, M. P. / CAMERON, R. A. D. / JUNGBLUTH, J. H. (1983): Die Landschnecken Nord- und Mitteleuropas, Paul Parey, Hamburg und Berlin, 1–384

KLEMM, W. (1951): Ökologische und biologische Beobachtungen an Schnecken besonders an Felsenschnecken. Arch. Moll. 80, Seite 49–56

KLEMM, W. (1974): Die Verbreitung der rezenten Land-Gehäuseschnecken in Österreich. Denkschriften der Österreichischen Akademie der Wissenschaften. Mathematische naturwissenschaftliche Klasse 117

KÖRNIG, G. (1966): Die Molluskengesellschaft des mitteleuropäischen Hügellandes. Malakologische Abhandlungen, Leipzig 2 (1), Seite 1–122

LAIS, R. (1933): Die Mollusken. Der Kaiserstuhl. – Selbstverlag Bad. Landesverein für Naturkunde, Naturschutz, Freiburg, Seite 366–383

LAIS, R. (1935): Eine Clausilia cruciata Studer mit zwei Mündungen. Aus der Heimat, 48, Seite 297–299

LAIS, R., SCHNETTER, M. (1968): Die Molluskenfauna des Wutachgebietes und ihre tiergeographische Zuordnung. Mitt. bad. Landesver. Naturk. Naturschutz (N.F.), 9, Seite 779–790

MÄDER, E. (1940): Zur Verbreitung und Biologie von Zebrina detrita, Hellicella ericetorum und Hellicella candidula, den drei wichtigsten Überträgerschnecken des Lanzettegels (Dicrocoelium lanceatum). Zool. Jb. Syst, 73, Seite 129–200

MILDNER, P. (1981): Zur Ökologie von Kärntner Landgastropoden Carinthia II, Naturwissenschaftliche Beiträge zur Heimatkunde Kärntens, 38. Sonderheft, Klagenfurt

ÖKLAND, F. (1929): Methodik einer quantitativen Untersuchung der Landschneckenfauna. Arch. Moll. 61, Seite 121–136

PFEIFFER, K. L. (1951): Chilostoma (Cingulifera) cingulata (Studer). Versuch einer monographischen Darstellung des Rassenkreises. Arch. Moll. 80, Seite 89–214

REISCHÜTZ, P. L. (1974): Die Nacktschnecken Österreichs. Mitteilungen der Deutschen Malakozoologischen Gesellschaft 3, Seite 154–161

RENTNER, J. (1968): Zur Molluskenfauna der südwestlichen Schwäbischen Alb. Jahreshefte des Vereins für Vaterländische Naturkunde in Württemberg, 123, Seite 342–388

SCHMID, G. (1919): Zur Variabilität der Clausilia (Alinda) biplicata Mont. Nachrichten-Blatt der deutschen malakozoologischen Gesellschaft Frankfurt/M. 51, Seite 24–46

SCHMID, G. (1929): Endolithische Kalkflechten und Schneckenfraß. Biologisches Zentralblatt Erlangen, 49, Seite 28–35

SCHMID, G. (1966): Die Mollusken des Spitzbergs. – Natur- u. Landschaftsschutzgebiete Baden-Württembergs, 3, Seite 596–701

SCHMID, G. (1968): Die Heideschnecke Cernuella neglecta bei Mainz. Jahrbücher des nassauischen Vereins für Naturkunde, 99, Seite 128–132, Wiesbaden

SCHNETTER, M. (1971): Die Molluskenfauna des Wutachgebietes. Natur- und Landschaftsschutzgebiete Baden-Württembergs, 6, Seite 351–376

SCHLECH, H. (1927): Über Abnormitäten der Färbung, der Windungsrichtung und der Gehäusebildung bei den Clausiliiden. Arch. Moll. 59, Seite 38–60

SOOS, L. (1926): Eine neue Xerophila aus Deutschland, Xer. geyeri. Arch. Moll. 58, Seite 96–106

WEGNER, H. (1931): Neue Beiträge zur Kenntnis der Daudebardia. Allattani Közlemenyek, Budapest, 28, Seite 79–91

WIKTOR, A. (1973): Die Nacktschnecken Polens. Monografie Fauna Polski 1, 1–182. Gilt als Standardwerk der Nacktschnecken für den europäischen Raum.

ZEISSLER, H. und KLAUSNITZER, B. (1972): Die Kolonien der Cernuella neglecta (Draparnaud) von Süßenborn und Vollersroda (Kreis Weimar). Malak. Abh. Mus. Tierk. Dresden, Bd. 3, Nr. 16, Seite 225–232

ZILCH, A. (1962): Ergänzungen und Berichtigungen zur Nomenklatur und Systematik. Die Tierwelt Mitteleuropas II, Ergänzungen p. Seite 1–23. Leipzig: Quelle und Meyer.

Register

Allgemeines Register

Register der deutschen Namen

Verzeichnis der wissenschaftlichen Namen

Register der Synonyme